U0347191

矿山环境保护及生态修复

罗建林　李福平　陈尚波　著

北京工业大学出版社

图书在版编目（CIP）数据

矿山环境保护及生态修复 / 罗建林，李福平，陈尚波著 . — 北京 ： 北京工业大学出版社，2022.12
ISBN 978-7-5639-8534-0

Ⅰ．①矿… Ⅱ．①罗… ②李… ③陈… Ⅲ．①矿区环境保护②矿山环境—生态恢复—研究 Ⅳ．① X322

中国版本图书馆 CIP 数据核字（2022）第 251439 号

矿山环境保护及生态修复
KUANGSHAN HUANJING BAOHU JI SHENGTAI XIUFU

著　　者：罗建林　李福平　陈尚波
责任编辑：张　娇
封面设计：知更壹点
出版发行：北京工业大学出版社
　　　　　　（北京市朝阳区平乐园 100 号　邮编：100124）
　　　　　　010-67391722（传真）　bgdcbs@sina.com
经销单位：全国各地新华书店
承印单位：北京银宝丰印刷设计有限公司
开　　本：710 毫米 ×1000 毫米　1/16
印　　张：9
字　　数：180 千字
版　　次：2022 年 12 月第 1 版
印　　次：2022 年 12 月第 1 次印刷
标准书号：ISBN 978-7-5639-8534-0
定　　价：60.00 元

作者简介

罗建林，籍贯江西省万安县，硕士研究生学历，毕业于江西理工大学安全技术及工程专业，现任职于江西应用技术职业学院，职务为江西应职院科技产业有限公司副总经理兼总工程师，任职单位所在地为江西省赣州市。职称为高级工程师。主要研究方向为矿山地质安全、水文地质、工程地质、环境地质、生态地质、生态修复。

李福平，籍贯山西省山阴县，硕士研究生学历，毕业于江西理工大学大地测量学与测量工程专业，现任职于江西应用技术职业学院，职务为江西应职院科技产业有限公司副总经理，任职单位所在地为江西省赣州市。职称为副教授。主要研究方向为国土空间规划、生态修复。

陈尚波，籍贯江西省上饶市广信区，硕士研究生学历，毕业于江西理工大学采矿工程专业，现任职于江西省应急管理科学研究院，职务为矿山安全研究所工程师，任职单位所在地为江西省南昌市。职称为工程师。主要研究方向为矿山开采技术安全、尾矿库安全运行管理、矿山生态修复、应急管理。

前　言

矿产资源是人类生存和发展的重要物质基础。我国地大物博，是一个资源大国，中华人民共和国成立 70 多年来，矿产资源已逐步成为我国国民经济增长的巨大支柱，但是它在给我们带来经济效益的同时也给我们带来了一系列的环境问题。近年来，生态环境虽然得到了有效的改善和治理，但生态环境保护工作仍任重道远。修复对矿山生态有重要的作用和意义，因此，相关部门及其工作人员要在思想上高度重视矿山环境保护和生态修复工作，通过加强矿山生态环境修复，夯实生态环境保护工作根基，推动实现矿产资源的绿色开发。本书主要对矿山环境相关内容进行分析，着重对矿山环境保护和生态修复进行研究，以期为相关工作人员提供参考借鉴。

全书共五章。第一章为绪论，主要阐述了环境与环境问题、生态系统与环境、环境污染与人体健康、矿产生产对环境的影响及我国环境保护方针、目标与对策等内容；第二章为矿山环境保护现状，主要阐述了矿山环境保护现状、矿山环境保护对策及建议、矿山环境保护的管理与监测等内容；第三章为矿山生态修复的基本理论构建，主要阐述了矿山生态的界定、矿山生态的理论基础、矿山生态修复面临的主要问题等内容；第四章为矿山环境污染与防治，主要阐述了矿山大气污染及其防治措施、矿山水污染及其防治措施、矿山噪声污染及其防治措施、矿山固体废物污染与资源利用等内容；第五章为矿山地质环境问题与生态修复，主要阐述了矿山地质环境生态修复概述、矿山地质环境问题与特征、矿山地质环境发展趋势、矿山地质环境修复模式、矿山地质环境生态修复相关案例等内容。

本书在撰写过程中，借鉴了许多前人的研究成果，在此表示衷心的感谢！期待本书在读者的学习生活及工作实践中结出丰硕的果实。

探索知识的道路是永无止境的，本书还存在着许多不足之处，恳请广大读者予以指正，以便改进和提高。

目　录

第一章　绪论

矿产资源的开发有利有弊，虽然能为经济发展、社会进步及人民生活水平的提高提供一定的资源保障，但是又不可避免地破坏矿山的地质环境。如何保证矿产资源与地质环境能够平衡且协调地发展，进而实现科学开发与绿色开采是现代矿山资源开发面临的主要问题。本章分为环境与环境问题、生态系统与环境、环境污染与人体健康、矿产生产对环境的影响及我国环境保护方针、目标与对策五部分。

第一节　环境与环境问题

一、环境与环境科学

（一）环境

环境一词在不同语境和不同学科中的含义各不相同。在生态学中，环境指以地球生物为中心，环绕生物界的外部空间和无生命物质，是生物赖以生存的条件，如空气、水等其他无生命物质，即以生物为中心的物质环境。在环境科学中，环境是以人类为中心、以物质为基础的环境，具体指人群周围的环境及其中可以直接、间接影响人类生活和发展的各种自然因素和人工的总体，包括自然因素的各种物质、现象和过程及在人类历史中的社会、经济成分，即人类环境。在法学上，学者多以人类为中心来定义环境，指人类环境。在国内法和国际法文件中，法学的环境概念有四个特征。第一，物质性。即环境作为对人类的生存和发展有影响的自然因素的总体，如阳光、空气、水、动植物等客观存在物。第二，自然性。即环境作为人类存在的自然条件而存在，这些自然条件表现为一定的自然要素。第三，生态性。环境中的自然因素包含在生态系统中，生态系统是自然界中的生物群体和一定的空间环境共同组成的具有一定结构和功能的综合体系。地球生物

1

圈是地球上最大的生态系统。在生态系统中，各环境要素之间通过物质循环、能量流动和信息传递形成一个不可分割的整体，并形成动态平衡。第四，区域性。环境具有不同的层次，不同层次的环境分布在不同的区域，呈现不同的状态，其结构方式、组织程度、能量物质流动规模和途径、稳定程度等都有一定的特殊性，所以在保护及管理环境时要区别对待。环境的定义包括了自然资源，自然资源是环境的重要组成部分。自然资源包括土地、森林、草原和荒漠、物种、陆地水资源、河流、湖泊和水库、沼泽和海涂、海洋矿产资源、大气，以及区域性的自然环境与资源等。

（二）环境科学

1. 环境科学的产生

环境科学这一名称出现于 20 世纪 50 年代。由于环境污染日趋严重，世界各地发生了一系列的有关事件，从而引起了人们对环境保护研究的普遍关注。20世纪 60 年代，工业问题、农业化学剂的污染问题引起了人们的重视。环境科学的研究从此引起人们的关注。环境科学研究应用系统论和动态平衡论的方法论原则，把各个部门、各个地区、各个群落视为不同层次的环境系统。运用系统论观点研究各系统之间和系统内部各因素之间的相互关系。注重对平衡的条件、影响平衡的因素和平衡的发展趋势的研究，即环境科学要研究环境中的自然科学和社会科学问题，重视全球性的生态功能，强调从全球角度研究地球环境。20 世纪90 年代之前，西方环境科学研究中有两个流派。一派是悲观论，认为到 21 世纪中期全球将面临毁灭性的环境污染，主张通过"零的增长"来避免危机，即停止人口增长，限制工业生产，以维持地球的平衡。另一派是乐观论，不否认存在着人口过多、环境污染、气候恶化等潜伏的危机，但认为人类能接受这些挑战，科学技术的发展将能解决环境问题和资源问题。

在环境科学的诞生阶段，环境科学思想集中体现为"环境质量学说"。环境科学诞生后，主要研究是围绕环境质量进行的，内容有环境污染和生态破坏的机理、污染物迁移转化规律、污染物生态社会效应和危害程度及防治措施、环境质量标准和评价等。环境质量学说认为，环境质量是环境的一个基本属性，环境问题实际上是人类不合理活动所造成的环境质量恶化的结果。从环境质量学说的角度看，环境科学各分支学科都是以环境质量为中心，以原有的学科理论和方法研究不同环境要素中环境质量的变化规律及如何维持和提高环境质量的科学。环境科学发展到了现阶段，其定义也不再局限于环境质量学说，而是发展为环境科学是研究人类社会发展活动与环境演化规律之间的相互作用关系、调整人类的思想观念继而调控人类的行为、寻求人类社会与环境的协同演化与发展的科学。

2. 环境科学的特点

环境科学与其他传统自然科学和社会科学不同，它不是单一的科学门类，而是解决环境问题的交叉学科群，涉及自然科学与社会科学，因此具有综合性强、涉及面广、密切联系实践的特点。

（1）综合性

环境科学研究的对象是地球上人与自然相互依存和相互作用的环境。环境是一个有机整体，涉及面非常广泛，几乎关系到自然环境和社会环境。自然环境和社会环境的多样性和统一性，决定了环境科学理论和实践的多样性和统一性。环境自然科学的科学与技术理论，来自化学、物理学、生物学、生态学等众多学科在环境问题中的应用，没有这些学科的发展及其提供的研究手段就不可能建立起环境自然科学。环境人文社会科学的基本原理和原则来自环境自然科学和其他自然科学与人文社会科学的交叉和整合。没有自然科学、人文科学和社会科学的发展及其提供的研究方法，就不可能建立起环境人文科学和环境社会科学。但是，环境人文科学和环境社会科学的各个学科门类不等于各门人文科学、社会科学理论在环境问题中的"机械"应用，并不是这些人文科学、社会科学与环境科学的简单机械相加，而是统一在生态学提供的人与自然有机整体图景下建构的革命性的环境理论，即在环境哲学和环境伦理学的指导下，为了人与自然的协同进化而进行的创造性的有机整合。因此，只有将自然科学、人文社会科学等学科密切联系，共同攻关，才能协调解决问题。所以说，环境科学是一门综合性很强的学科。

（2）整体性

人类对环境问题认识发展的历史十分明显地表明了一个基本事实，即关于环境与环境问题的研究从一开始就涉及自然科学、社会科学的多门学科，直至涉及哲学，这是由对象的复杂性所决定的一个突出特征。此外，这些不同的学科和学说以自己的途径形成一个共同的观点，即关于环境与环境问题的研究必须把环境作为一个整体，进而把人类活动、人类社会的物质结构与经济结构同环境演化看成一个整体的运动状况，由此作为出发点和基本方法。这一观点意味着关于人类生存环境的研究，不仅要求涉及多学科知识，还要求这些知识本身要构成有机统一的整体，以整体性的逻辑系统再现人与环境构成的整体系统，而不能只是一堆知识的聚集，也不能只是在逻辑结构上缺乏关联的多学科集合态。它要求科学研究的方向集中于对象本质，由此产生基本原理与基本理论，把一切有关的科学内容与经验材料贯穿和统一起来，成为一门整体化的学科，从而形成环境科学自己的理论特色。目前，从世界各国来看，环境科学的整体研究，充分注意人类活动与环境之间的相互作用，开展人口、资源、环境与发展之间的整体战略研究。

（3）实践性

环境科学是一门以解决环境问题为开端，以研究环境建设，寻求社会、经济与环境协调发展的途径为中心，以争取人类社会与自然界的和谐为目标的新学科。其学科形态是整体化的，它将建立起自己的理论思想、主导原则、概念体系、逻辑框架、价值目标和方法论。环境科学的研究内容决定了它是一门融自然科学和人文社会科学于一体的应用性很强的新科学。我国环境科学研究的领域和内容都是与实际生产、生活中需要解决的问题紧密联系的。如我国大气环境质量中的光化学烟雾污染、酸雨、大气污染对居民健康的影响，我国河流污染的防治、湖泊富营养化、水土流失与水土保持，海洋的油污染和重金属污染，城市生态，环境污染与恶性肿瘤的关系，自然资源的合理利用和保护等问题，都是环境科学研究的范畴。开展环境科学技术的应用研究，可以更好地解决国民经济发展中实际的环境问题。

3. 环境科学的体系结构

环境科学不是传统意义上的学科或科学。任何科学都可以在环境问题领域中找到用武之地。从这个意义上说，环境科学又不像一门学科或科学，而更像一个环境问题的研究领域，各门自然科学和人文社会科学都可以在这个研究领域中针对感兴趣的环境问题展开应用研究，从而形成多种多样的环境科学分支学科。从总体上考察，这些环境科学的分支学科构成了环境科学的体系结构，对这个结构的认识则因人而异。相关学者从当代环境问题的定位、分类标准的角度把环境科学体系结构分为环境理论系统、环境工程系统和环境管理系统；从研究程序的角度，把环境科学体系结构分为环境科学、一般理论环境科学、应用环境科学；从组织水平的角度，把环境科学体系结构分为全球环境科学、区域环境科学、部门环境科学；从对象特征的角度，把环境科学体系结构分为自然环境科学、技术环境科学、社会环境科学；从时间特征的角度，把环境科学体系结构分为环境历史、环境现状、环境学未来预测。还有学者从"人类—环境"系统的角度，把环境科学体系结构分为环境哲学、环境学、环境技术学、环境工程；从世界存在与发展的途径角度，把环境科学体系结构分为环境哲学或伦理学的观念、环境自然科学原理、环境社会的管理、环境技术、环境工程。显然，关于环境科学体系结构的分类不可能有一个统一的标准，也没有必要统一。环境科学仍然是一个发展中的学科，任何学者都可以根据他所在的专业视角对环境科学体系结构进行透视。总体上看，环境科学体系分类有"三分法结构""四分法结构""多分法结构"。

4.环境科学的结构关系

（1）强相互关系

现代人们增加了对"环境科学"的关注，好像它代表了一系列与污染和资源枯竭相关的研究。一组有不同专业结构的学科正在融合，因为所有学科都与人类活动产生的问题有关。在20世纪前几十年里，科学和社会之间已开始形成我们今天所看到的这种关系。在"大科学"时期，政府和工业对研究的介入，使得个人行为被推向边缘，不再有人用自己的才能创造出科学上的重要成就。工业资本家为了获利，雇佣科学家去做必要的研究，而一个成功的科学家也必须逐渐成为一个和理论创新者差不多的管理者。"环境主义者"或"绿党"把他们的重点放在利用科学来确认当今世界出现的问题，并指出科学本身就是一把双刃剑，能够运用理性科学研究支持环境开发利用或环境保守主义者的观点。当双方"科学家"就环境问题争论时，我们就被迫面临这样一种可能性，即科学不仅仅是关于事实信息的价值祛除的研究。不管科学方法多么合理，对在特殊文化和社会之中的人所产生的假说进行检测都是非常有用的。

（2）弱相互关系

环境科学出现的最终目的是协调人与自然之间的关系，而目前环境科学体系中的具体学科基本上是从技术的角度出发来解决当前的环境问题，出现这种情况的主要原因在于，以往的环境科学学科结构忽视了世界观的问题，即没有把环境哲学与环境伦理学纳入其中。因此，环境科学的理论基础应该是环境哲学。环境哲学是对整个环境科学研究成果的高度总结和概括，是解决环境冲突的基本的指导原则，主要从认识论和方法论上探讨环境问题，以及人与环境问题相互作用的本质，主要回答当人类面对环境冲突时应确立什么样的环境观、价值观和世界观，人类在处理环境事务时应采取什么样的原则，等等。属于环境哲学层次的分支学科主要有环境可持续发展论和环境伦理学，前者把握经济发展与环境的承受能力，为经济和环境的和谐发展提供了思想基础，后者将道德规范应用于环境领域，要求人们规范自己的行为，尊重环境，倡导人类与环境和谐相处。环境伦理学处于环境哲学、环境自然科学与环境人文社会科学之间的桥梁位置。因为，环境哲学属于环境科学理论前提性学科，而环境自然科学和环境人文社会科学属于环境与各门科学的交叉学科。环境哲学为环境伦理学提供理论来源，而环境伦理学为环境自然科学、环境人文社会科学提供方法论指导。所以，环境科学应以环境哲学为基础，以环境伦理学为尺度，为经济发展和环境和谐提供指导思想，对人类行为进行规范，教育和诱导人们尊重环境，从而使人与环境和谐相处，这些"软"的科学和"硬"的环境科学形成依存关系，或者成为环境科学的组成部分，与环境科学总体构成了弱相互关系。

二、环境问题与环境保护

（一）环境问题

1. 环境问题的概念

《中国大百科全书·环境科学卷》中将环境划分成自然环境和社会环境。这是以环境要素属性为划分依据，表明自然环境问题是生态环境平衡遭受破坏，而社会环境问题是社会、文化的失衡。

环境问题的产生归根结底是环境的外部性。对环境来说，外部性可以被看作不完全市场的某种经典案例。大部分的环境恶化是因为市场的作用没有充分发挥，市场不健全，或者完全无市场。

环境的共享性特性，使公地悲哀（个人利益与公共利益对资源分配有所冲突）自然而然地发生了。环境资源成为公共品的问题，最深层次的原因是环境没有明确的产权。当任何一个经济个体可以随意地、无代价地、无限制地发掘、共享环境资源时，每个个体都可以从中获得相对正收益，不用对产生的负面影响负完全责任，而是与其他个体共同分担。如此，在有限性负责人的假设情况下，经济个体在谋取利益的动机驱使下，通常会以自身的利益最优化来决定如何对环境资源进行开发与利用，而且总会尽量在别的经济个体之前获得好处与利益，不顾虑所作所为对别的经济个体的损害和由此引发的社会后果。个体利益的最优化不意味着团体利益的最优化，最终会使自然环境恶化，环境资源衰竭。

2. 关于环境问题的研究范式

20 世纪 70 年代以来，西方社会学在发展过程中产生了"研究环境问题的产生及其社会影响"的环境社会学。环境问题作为最重要的社会问题之一，在相当长的时期内是客观存续的研究热点之一。

环境问题的日益凸显，以及由环境问题引发的社会问题使以关注社会问题为出发点的社会学不再置身事外，社会学家有责任对这些新现象做出合理的解释。经过近几十年的发展，社会学在关于环境问题的研究上已形成多种理论范式，这些理论范式在阐释环境问题方面各执一词。目前，国内外很多学者对已有的研究范式进行过相关评析，下面将分别介绍。

（1）新生态学范式

1978年，《美国社会学家》杂志上出现了题为《环境社会学：一个新范式》的文章，其中写道，人类的生存与发展必然会受到环境因素的制约，所以社会科学家在研究社会现象和变迁时需考虑到环境变量。受传统社会学的影响，单纯研究形式主义无法真正解决环境问题，可以从自然环境和人的相互作用出发，将自然环境的功能主义理论植入并深化，阐述不同功能主体之间的相互作用，形成新生态学范式。这种新生态学范式，可以对原有社会学基础进行补充和强化，形成自由的研究框架。

许多学者认为，这种"新生态学范式"虽说是对传统社会学基础的颠覆，但基本没有脱离传统社会学已有的理论与框架，且其理论过于抽象，在社会学经验研究上没有较多的促进意义。

（2）系统论范式

系统论研究范式认为，环境、个人、社会三者是紧密相连的，两两之间都会产生相互影响，应当看作统一的整体。在环境问题的处理上，"环境—个人—社会"是一个因果循环的过程，是一套完整的子系统。与一般系统论不同的是，系统论研究范式认为，社会生态系统是一系列具有因果关系的问题和有待提出的问题，而不是一套社会系统下的子系统，能将要研究的变量或过程逐步组织起来，并且指导今后按不同的情况将系统分解成有关的子系统。之后有学者认为，系统论范式是从宏观角度分析事物之间的相互联系，而不是简单地、单一地分析事物，过分宏观考虑有碍于微观层面的分析，会导致难以系统化阐述环境问题的变化过程。

（3）政治经济学范式

政治经济学范式认为，范式研究应当具备足够的理论基础，并将其与经济发展基础变化有机融合；环境问题的关注点并不只是环境本身，还应考虑环境问题引起的政治变化、经济变化。政治经济学范式关注的重点是环境问题会引起何种威胁，环境问题在未来会对社会造成什么影响，这些影响对环境问题的解决有何帮助，等等。

政治经济学范式在一定程度上着重分析环境问题所带来的影响，轻视环境问题产生的原因和演变过程，对社会性问题研究的关注点和出发点不同。学者普遍认为，政治经济学范式主要致力于生物物理子系统与宏观社会性过程的互动关系，虽然未完全忽略微观社会性层面，但是注意力不够，有待于进一步的探索。

（4）社会建构论范式

社会建构论范式主要的观点理论源于《环境社会学：一个社会建构主义视角》，其将环境社会学作为社会建构论的重点关注对象，探讨、研究环境问题的范式。社会建构论范式主要探讨环境问题的起源和演变过程，以及其中的影响和受制因素，探究为何环境问题层出不穷。由于社会建构论研究全面，目前它已经成为研究环境问题的主要范式。

社会建构论范式的优势也是它的劣势。社会建构论一方面提高人们对环境问题的关注度，另一方面却忽视环境问题存在的历史原因，回避其产生的客观性。因此，在建构过程中，很难将客观性和主观判断完全区分。综合而论，采用社会建构论范式研究环境问题应该采取全方位的保护态度，即采取主客体互动的研究理念似乎更为合理。

（二）环境保护

1. 环境保护概念

所谓环境保护，主要是指人类为解决当前现实生活中或潜在存在的环境问题，协调社会、居民与生态环境的关系，保护人类的生存环境、保障经济社会的科学发展而采取各种行动的总称。环境保护的总体方法和具体措施既有工程技术的、行政管理的，也有经济的、社会的、人文的和宣传教育的等方式。环境保护涉及的内容广、范畴大、综合性较强，除主要包含自然科学和社会科学等许多领域外，还具备非常特殊的研究范畴和对象。其保护的方式主要有：利用行政、法律、经济、科技、民间自发环保组织等，充分借助自然资源和条件，防止生态环境的污染和破坏，以达到自然环境、人文环境和经济环境的共同协调科学发展进步，努力壮大有效资源再生产，促进社会和谐稳定发展。

环境保护包含自然科学、社会科学的诸多范畴，涉及各个行业，总体上，至少囊括以下几个方面的内容：一是依靠各级政府和行政权力机关履行职能，做好有效调控，努力保护生态环境，防止生态环境持续恶化；二是依靠全体民众共同努力，维持和保护群众居住、生产和生活环境，达到科学、绿色、卫生、健康、和谐的标准；三是针对其他动植物进行生态保护，努力推动人类与各类生物的和谐共处、协调发展。环境保护工作中存在的诸多问题，是我国进入新时代以来面临的最严峻挑战，做好环境保护工作，是实现国内经济的稳定增长和全社会可持续发展的基本国家利益，功在当前，利在长远。环境保护工作干得好坏，解决得好坏，关系到我国的国家安全、对外形象，重点是关系到广大群众的根本目标和利益，以及建设社会主义现代化国家的伟大目标。为经济和社会的发展提供坚实的环境基础，使全体群众都能享受到清新的空气、安全的饮用水和食品、宜居宜业的生产生活环境，是当前各级政府和部门需要具备的承担责任与义务。党的十八届五中全会鲜明指出，加强对生态环境的治理，以提高环境质量为目标，大力实行最严格的环境保护制度，深入实施大气、水源、土壤污染治理和防治行动，是解决当前环境问题的最有效手段和方法。

2. 环境保护的相关理论依据

（1）公共管理理论

公共管理理论的概念非常宽泛，内涵非常丰富，既是一种快速取代传统公共行政学的管理理论，又是一种比较新颖的公共行政服务方式，同时，它也指在现代欧美等国公共行政领域坚持开展的一种比较深刻的改革行动。英国作为老牌的资本主义国家，是世界"工业革命"早期的引导者，也曾发生过严重的环境污染问题，如持续多年的"伦敦毒雾"。英国国家机关当时充分利用这一理论，对国家实行的环保措施和政策进行了不同程度的创新，并不断地完善，取得了巨大的成功。改革开放以来，我国经济和社会发展在全球独树一帜，在全球经济体系的作用举足轻重。但多年发展带来的环境问题也接踵而至，环境保护刻不容缓。根据公共管理理论，我国可以建立完善的经济与环境互相协调的可持续发展机制，缩小政府管制的范围，扩大经济手段的应用强度和范围，逐步促使各类社区组织、公民志愿者等非政府组织积极参与到环境保护工作中，形成一股人人参与的广泛力量来保护环境，实现真正意义上的可持续发展。

（2）可持续发展理论

可持续发展理论主要指的是既要满足当代人的物质和精神需求，又不能损害后代人维持发展需要的能力和潜力的发展。具体来说，就是指经济、社会、资源和环境协调可持续发展。整体来看，这个系统密不可分，既要完成好发展经济的目标，又要保护好人类赖以生存的大气、地表水、地下水、海洋、土地和森林等各类资源和生态环境，使子孙后代真正实现可持续发展。可持续发展的根本思路在于加快发展新的科学技术，只有尽快开发可持续发展新技术，减少产出和资源损耗，才可能最终达到少投入、多产出的发展模式，降低产出对于能源、资源的依赖性，减轻环境污染负荷。

（3）生态文明建设理论

生态文明建设理论是全社会为保护和建设美好的生态环境而收获物质、精神以及制度成果的总称，是贯穿于经济发展、政治生态、文化建设全过程和各个层面的非常规范系统的工程，反映了一个社会的文明进步状态。当前，我国环境保护工作面对资源严重匮乏、环境日益恶化、生态功能逐步退化的严峻形势，要坚持遵循尊重自然、顺应自然、保护自然的生态文明新观念，坚持实行可持续发展战略不动摇。

党的十八大、十九大以来，以习近平同志为核心的党中央站在战略和全局的新高度，谋划新思路，谱写新篇章，对生态文明建设和生态环境保护提出了一些新的思路、措施和要求，为努力建设生态中国，实现中华民族可持续发展，迈向社会主义生态文明新时代，指明了前进方向和实践道路。

第二节　生态系统与环境

一、生态系统

（一）生态学

当人类开始使用火及其他工具时，就已经有意识或无意识地改变自己周围的环境。但是，无论人类的文明怎样发达，自然规律总是存在的，限制人类的行为。生态学就是人类认识自然环境总结的科学知识。生态学是人类的生存指南，因为人类从自然中来，也必将回归于自然中去。生态思想古已有之。在中国古籍中，有大量有关生态思想的内容，如《诗经》里包含物候学的知识，《管子》中有关于植被的记载，《庄子》中有食物链的论述，等等。在国外，特别是在古希腊哲学家的思想中，都明确包含有关生态思想的记述，但是这些记述并没有明确指出生态学一词。

"生态学"一词早在 1869 年，德国生物学家首先提出，生物在自然环境中生存，生物的生活状况必定与周围的环境有着相应关系，生态学就是以生物在生长过程中的系统有影响的与其同生存环境下其他生物之间的各种包括互惠互利或敌对关系为研究目的。生态学主要研究的是生物与环境之间的关系。这里所说的环境是在系统之外对系统有影响的各种因素的总和。所以，对于特定的生物个体或生态系统，与之发生作用的环境包括两方面含义：一是生物环境，主要指特定生物个体之外的其他生物对特定生物个体所构成的一系列的影响，如竞争、共生、协作、捕食和寄生等。二是物理环境，生物生活在自然环境中，则必然会受到其所生存地方各种自然条件的影响，包括光、热、水、气、土壤等因素。

（二）生态系统

1. 生态系统的概念

"生态系统"为生物组合及其相关 pH 特定空间中的自然环境。这一定义一直是生态学的基本概念。虽然后者关于"生态系统"这一词的定义有很多，包括一些国际法律文书中做出了不同的定义，但是他们都遵循着坦斯利给出的定义的内涵。例如，1980 年《南极海洋生物资源保护公约》第 19 条第 1 款规定，南极海洋生态系统是指"复杂的南极海洋生物资源之间的相互关系及其生理环境间的关系"。

总结发现，生态系统是指在一定的自然空间内，生物群落及其生存环境构成一个整体，在这个统一的整体中，生物群落与其生存环境相互影响、相互制约，并且在一定的时间尺度内达到动态平衡的状态。其中，生物群落主要是指在自然界一定范围或区域内，相互依存的动物、植物、微生物等。生物群落内不同生物种群的生存环境包括非生物环境和生物环境，非生物环境又称无机环境、物理环境，如各种化学物质、气候因素等；生物环境又称有机环境，如不同种群的生物。生态系统的主要组成部分包括非生物的物质和能量、生产者、消费者、分解者，这四个部分保持着动态平衡且相互影响，任何一个部分的削弱、失衡都将导致整个生态系统的变化。

2. 生态系统的组成

通常非生物和生物是组成生态系统的两大成分，非生物成分支持着生态系统的各项需求，包括提供生物生活的场所、提供生物生存所必需的物质条件以及作为生物能量的源头；生物成分是生态系统的主体，通常分为生产者、消费者和分解者。从营养结构角度来看，生态系统分为两个层次：第一，自养生物层，主要通过固定转化太阳能，把简单的无机物质变成复杂的有机物质。第二，异养生物层或土壤和沉淀物、根系、腐败物质等，内部可实现对复杂物质的利用、调配和分解。

生产者属于自养生物，能利用简单的无机物制造有机物，绿色植物和某些细菌都属于此类型，它们是生态系统的基础成分；消费者属于异养生物，依靠生产者制造的有机物质生存，分解者都属于异养生物，包括放线菌、细菌、土壤原生动物、真菌以及一些小型无脊椎动物，它们能够分解复杂的有机物质，使其以无机物的形式重新回归到生态系统中。

3. 生态系统的功能

生态系统的基本功能是生物生产、能量流动、物质循环和信息传递，它们是通过生态系统的核心——有生命部分，即生物群落来实现的。

（1）生物生产

生物生产包括植物性生产和动物性生产。绿色植物以太阳能为动力，水、二氧化碳、矿物质等为原料，通过光合作用来合成有机物。同时把太阳能转变为化学能贮存于有机物之中，从而生产出植物产品。动物采食植物后，经动物的同化作用，将采食来的物质和能量转化成自身的物质和潜能，使动物不断繁殖和生长。

（2）能量流动

能量流动是从自养生物到异养生物，再到不同营养级的异养生物。通常来说，自养生物是指植物，异养生物是指动物和人类。只有植物可以通过吸收土壤中的水、阳光等，转化为自身需要的能量，异养生物通过摄食植物获取能量，不同的异养生物之间通过捕食与被捕食的关系传递能量，形成能量流动。

能量流动是自然生态系统通过食物链使不同生物之间相互联系、相互作用的一种途径，而另一种途径就是物质循环，物质循环是能量流动的载体，能量流动是物质循环的前提，二者不可分离，共同构成了生态循环圈。

（3）物质循环

物质循环是指各种各样的化学元素在生物圈中沿着一些特定的途径，从外部环境进入到生物体中，再从生物体重新返回到外部环境。与能量流动过程是单线型不同，物质循环是一个循环往复的过程，能量流动提供了生物生存所需能量，物质循环提供了化学元素。我们把这些通过不同方式进行的物质循环称为生物地球化学循环。生物地球化学循环的类型有两种：一种是气体型，它主要是通过空气和水进行循环的；另外一种是沉积型，主要是在土壤和地壳圈中的岩石层中进行循环。不论是不是生物生存所必需的元素，人类都需要这些元素。

　　生态系统是通过能量流动和物质循环来进行运转。物质循环的主要方式有微生物分解、动物排泄、植物与植物之间的直接循环、光能直接作用的物理形式、燃料燃烧的利用等。在这么多物质循环中，人类主要是通过使用机械能或者物理介入的方式参与其中，为了加速物质循环中的某一步骤，从而达到快速完成物质资料积累的目的。例如，给农作物施加化学肥料，满足农作物生长所需养分，从而获得高产。

　　研究发现，在物质循环过程中总是伴随着能量流动。循环不是一项免费的服务，它总是需要一定的能量消耗。人类在循环当中通过加入其他能量来满足自身生存和发展的需求，如果这些能量加入过多，则有可能导致某一环节循环出现堵塞，进而影响整个生态系统的运转。这就要求人们要正确认识自然，在发展的同时，维持人类与自然关系的和谐。

　　（4）信息传递

　　生态系统信息传递是一个复杂的过程，一方面信息传递过程总是包含着生产者、消费者和分解者亚系统，每个亚系统又包含着更多的系统；另一方面，信息在传递的过程中不断地发生着复杂的信息转换。归纳起来，信息传递有以下一些基本过程：第一，信息的产生，系统中信息的产生过程是一种自然过程。只要有事物存在，就会有运动，就具有运动的状态和方式的变化，这就是生态系统中的信息。第二，信息的获取，指信息的感知和识别。信息的感知是指对事物运动状态及其变化的知觉力。第三，信息的传递，包括信息的发送处理、传输处理和接收处理等过程环节。

　　信息传递与能量流动和物质循环一样，都是生态系统的重要功能，它通过多种方式的传递把生态系统的各个组分联系成一个整体，具有调节系统稳定的功能。

　　生态系统中信息传递的作用主要包括两方面：①维持生命活动的正常进行和生物种群的繁衍；②调节生物的种间关系，维持生态系统的稳定。

　　4. 生态系统的特性

　　（1）整体性、有限性和复杂性

　　生态系统具有整体性、有限性和复杂性。其中，整体性强调的是生态系统是个整体的功能单元；有限性指的是生态系统中的各种资源以及空间和循环能力都是有一定限度的，内部不同的生物群落都按一定节制生长，保持一定的密度；复杂性是指生态系统各个组成要素之间三维的相互作用，"通常是超越了人类大脑所能理解的范围"。生物多样性是生态系统最显著的特征之一，是生态系统复杂性的一个标志。

（2）开放性

生态系统是一个开放、远离平衡态的热力学系统。开放性是一切自然生态系统的共同特征和基本属性。生态系统的开放性表现在以下几个方面：①全方位开放是生态系统的首要特点；②进行熵的交换，通过不断摄入能量，并将代谢过程中所产生的熵排入环境；③生态系统内部组分互相交流；④由于其开放性，生态系统本身结构和功能处于动态发展中，且这种发展具有不可逆性。

生态系统是开放的系统，与周围环境不断交换能量和熵，导致生态系统内部结构和功能不断演变。从根本上说，生态系统是一个接收、收集、转化和消散太阳能的热力学系统，能量流动的路径多样而复杂，导致生态系统具有多样化的形式和服务。生态系统是一个实体开放的系统。它是不可简化的，由于其庞大的复杂性，使得我们不可能知道所有的细节信息，我们只能指出其发展的偏好性和方向。

（3）自组织系统及其反馈功能

生态系统是一个自组织系统，在开放的条件下，通过系统本身内在的自我调节能力来自我适应变化了的外部环境，以便能够不断地从外部环境中吸取负熵，抵消并超过系统内所产生的无序，从而使系统有序度不断增长。为维持长期稳定，生态系统借助大量的正负反馈来进行自我组织和自我调节。反馈是指生态系统的输出口将信息通过一定通道反送至输入口，进而变成了输入信号，可决定整个系统未来功能变化。生态系统具有正负反馈，分别指增强、削弱系统功能作用，两种反馈相互交替、联合作用，维持着生态系统的稳态。

二、生态平衡

（一）生态平衡的概念

生态平衡，也被称为"自然平衡"，指在一定的时期内，生态系统中的生产者、消费者和分解者相互间保持着一种相对平衡状态，即生态系统的能量流动和物质循环长期保持稳定。生态平衡包括结构上、功能上、物质输入和输出数量上三方面的平衡。

在良好的生态系统中，生态结构能够保持相对的稳态，自然界保持相对稳定的物种数量和种群规模，物质与能量的循环和流动平稳进行，各项指标在某个范围内有序变化，保持着一种动态的平衡。自然界生态系统拥有维持平衡状态与自我调节功能，因此，当生态系统中的某一要素出现异常结构时，系统会作出调节来抵消其影响。但若异常超出了某一限度，生态系统的自我调节能力就会降低甚至消失，相对的稳态被破坏甚至危及整个生态平衡系统，这一限度我们称之为生态阈值。生态系统越是成熟，其物种越多，营养结构越复杂，稳定性就越大，阈值也就越高；反之，生态系统结构越简单、功能效率偏低，对外界压力的反应会越敏感，抵御剧烈生态变化的能力就越脆弱，阈值也就越低。人类在改造自然的活动中，对自然环境的内在稳态形成了外界干扰因素，同时也影响着生态阈值的变化。

（二）破坏生态平衡的因素和表现

1. 环境污染和资源破坏

人类的生产和生活活动，一方面是向环境中输入了大量的污染物质，如向大气中输入二氧化硫和一氧化氮，形成的酸雨可导致森林、草原、湖泊等生态系统严重失衡；另一方面是对自然和自然资源的不合理利用，如过度砍伐森林、过度放牧和围湖造田等，都会使森林、草原和湖泊生态系统失衡。

2. 生物种类发生改变

在一个生态系统中引入新物种，有可能使生态平衡遭受破坏。例如，1929年美国开凿的韦兰运河，连接了内陆水系和海洋水系，使海洋水系的八目鳗进入了内陆水系，导致内陆水系的鳟鱼产量由 0.2 亿千克 / 年减少到 5 000 千克 / 年，严重地破坏了内陆水系的水产资源。这是增加一个物种所造成的生态失衡。同样，在一个生态系统中减少一个物种，也可能使生态平衡遭受破坏，例如，人们盲目的捕杀一种生物，可能致使此生态系统的另一物种泛滥，接连破坏整个生态链的平衡。

3. 生态信息系统的破坏

各种生物种群依靠彼此的信息联系，才能保持集群性，才能正常地繁殖。如果人类故意向环境中投放某种物质，破坏某种信息，生物之间的联系被切断，就有可能使生态平衡遭受破坏。如有些雌性动物在繁殖期时将一种体外激素——性激素排放于大气中，有引诱雄性动物的作用。

三、生态学规律在环境保护中的应用

（一）全面考察人类活动对环境的影响

在一定时空范围内的生态系统都有其特定的能流和物流规律。只有顺从并利用这些自然规律来改造自然，人们才能既能不断发展生产又能保持一个洁净、优美和宁静的环境。举世瞩目的三峡工程曾引起很大争议，其焦点是如何全面考察三峡工程对生态环境的影响。长江流域的水资源、内河航运、工农业总产值等都在全国占有相当的比重。兴修三峡工程可有效地控制长江中下游洪水，减轻洪水对人民生命财产安全的威胁和对生态环境的破坏；三峡工程的年发电量相当于4 000万吨标准煤的发电量，减轻对环境的污染。但是兴修三峡工程，大坝蓄水175米的水位将淹没川、鄂两省19个市县，移民72万人，淹没耕地2.33万公顷、工厂657家。三峡地区以奇、险为特色的自然景观有所改观，沿岸地少人多，如开发不当可能加剧水土流失，使水库淤积，一些鱼类等生物的生长繁殖将受到影响。

（二）以生态学规律指导经济建设，综合利用资源和能源

以往的工农业生产是单一的过程，既没有考虑与自然界物质循环系统的相互关系，又在资源和能源的耗用方面片面强调产品的最优化问题。以致在生产过程中大量有毒的废物排出，严重破坏和污染环境。

解决这个问题较理想的办法就是应用生态系统的物质循环原理，建立闭路循环工艺，实现资源和能源的综合利用，杜绝浪费和无谓的损耗。闭路循环工艺就是把两个以上流程组合成一个闭路体系，使一个过程的废料和副产品成为另一个过程的原料。这种工艺在工业和农业上的具体应用就是生态工艺和生态农场。

①生态工艺要在生产过程中输入的物质和能量获得最大限度的利用，即资源和能源的浪费最少，排出的废物最少。

②生态农场就是因地制宜地应用不同的技术，来提高太阳能的转化率、生物能的利用率和废物的再循环率，使农、林、牧、副、渔及加工业、交通运输业、商业等获得全面发展。

（三）对环境质量进行生物监测和评价

利用生物个体、种群和群落对环境污染或变化所产生的反应来阐明污染物在环境中的迁移和转化规律；利用生物对环境中污染物的反应来判断环境污染状况，如利用植物对大气污染、水生生物对水体污染的监测和评价；利用污染物对人体健康和生态系统的影响来制定环境标准。

第三节　环境污染与人体健康

一、人类与环境的关系

（一）人类与自然相互影响

人类在自然环境中生活，是生态循环系统中的一部分，参与物质循环和能量流动，从自然中获取能量，也受到自然环境的制约。人类的生存和发展离不开自然，自然为人类活动提供所需的空间，人类根据不同的地理环境，充分发挥自己的主观能动性，对地理环境进行适当的改造，形成各具特色的聚落。地理因素也影响着人类的交通活动，许多交通线路修建都受到了地形因素的影响，人们会对不利的自然条件进行改造，来适应人类发展的需要。自然界中的资源，包括气候资源、水资源、矿产资源等，对人类活动的影响也非常显著。近年来，由于人类工业化的发展，向自然过度排放废水废气废物，使气候的变化反过来作用于人类身上，危害生产与发展。自然灾害对人类的影响是不可避免的，但是随着人类对自然的干涉越来越广泛，人类活动也成为自然灾害发生的一大诱因。

（二）人类与自然相互依赖

1. 人类对自然的依赖

自然为人类的生存和发展提供必需的水和空气，人依赖于自然。通常来说，自然环境是指人生活的地理环境以及与之相关联的各种自然条件的总和，这些自然条件包括山川、河流、气候、土壤、植物、动物、矿藏等，也指除了人类社会之外的各种自然物质、能量、信息等因素所构成的一个整体系统。自然环境是人发展的前提和基础，自然环境与人类的生活和发展有着密切的联系，但又受到自然环境的影响和制约，一旦离开了自然环境，人类将失去生存和发展的基础，更不用说发展经济了。

人类的生理需要是通过物质资料生产来满足的。自然环境是物质资料生产赖以发展的基础，自然界为人类提供劳动所需的材料，又促使人类充分发挥才智，将这些劳动变成财富，从而推动人类的发展。自然环境对人类社会的物质生产活动不仅产生直接的影响，还间接地通过物质生产活动影响人类社会生活的其他方面。从根本上说，人与自然具有内在的一致性。人依靠自然界生活，主要表现在人类生命的维持上；人与动物一样，依靠无机界生活；人类的生命活动也以自然界为基石，生命活动的能力在某种层面上是以自然界为第一资源，自然界不仅为人类提供各种生活、生产资料，还为人类活动提供相应地材料、对象和工具。例如，土地、树木、矿石等都属于人类的劳动对象，这些劳动对象都是自然界提供的。自然环境为人类的活动提供物质基础，自然环境与人类的关系就如同土壤与种子，种子发育需要土壤提供良好的环境，没有肥沃的土壤，种子就无法萌芽，同样的，想要实现人类的全面发展，就需要维护好这样一块"肥沃的"适合"种子"生长的"土壤"。也就是说要保护好自然环境，我们在发展的同时就不能忽视自然的作用，保护自然也是保护人类全面发展的基础。

2. 自然对人类的依赖

自然对人类的依赖主要表现在人类活动过程中所进行的城市化建设和农业开发，以及人类对环境的破坏可能会出现的第六次物种大灭绝。自然生态系统指的是在一定空间和时间内，在自然的调节下维持相对稳定的生态系统。如森林、山川和海洋等。但是由于人类活动的作用过于强大，不受人类活动干扰的自然生态系统几乎是不存在的。地球不是人类的地球，而所有生物共同生存的家园，人类活动已经严重干扰到自然生态系统的稳定，使生物多样性遭到威胁，地球上所有的物种都有生存的权利，这是物种之间不可割裂、相互依存的关系。

随着人类的发展，人类活动的频繁，逐渐形成社会系统。社会系统也处于自然生态系统之中，是自然生态系统中的一个重要环节。自然生态系统的持续运转，是人类社会系统存在的关键。人类发展经历了不同的生产阶段，与自然的关系也不断发生变化。在自然经济时代，由于生产力有限，劳动效率低，活动范围小，对自然环境的影响多作用于当地，不合理的开发会导致当地自然环境的恶化，加之当时人类环保意识薄弱，导致环境问题越演越烈。进入工业文明时代后，由于生产效率提高，人类活动范围逐年扩大。工业时期人类的发展远远超过了自然经济时代，但这种发展依赖于对资源的不合理开发利用以及消耗不可再生资源。同时，为发展工业还大肆破坏森林草原、开垦土地，以牺牲生态环境为代价换来经济增长，使得地球环境迅速恶化，自然资源的消耗急剧增加，生态环境的破坏愈发严重，人与自然的关系空前紧张。尤其是近些年来，我们赖以生存的生态环境出现了一系列的问题，如全球气候变暖、海平面逐年上升、森林面积锐减、灭绝物种数增多、世界性水源危机、大气污染、自然资源枯竭、土地荒漠化严重、洪灾泛滥，等等。而这些环境问题的产生不单单是由于自然原因，更多是因为人类不合理的开发和粗放式的经济发展方式，超过了自然环境的可承受力，使得我们赖以生存的空气、水、植物、动物等环境要素受到了严重的影响，生态循环系统遭到破坏，资源的支撑力明显下降。我们可以看出，人类正在以可怕的速度破坏生态环境，地球也因此变得暴躁不安、喜怒无常，危险与风险每天都在发生、出现，人类活动的干扰和破坏不断危害自然生态系统的发展，同时也让人类陷入了不可挽回的危险境地。

3. 人类与自然的相互依赖

人类是生态循环系统中的一员，在人类活动初期，人类的生存和发展极度依赖于自然，自然为人类提供生存所需的资源和空间，而人类对自然的改造和利用则是有限的，这一时期人类对自然是非常敬畏的。随着人类的不断发展，对自然进行了不同程度的改造和利用，给自然界深深地打上了烙印。人类的力量逐渐大于自然的力量，甚至超越了所有物种的力量，自然开始按人类的节奏而发展，人类的任何活动都有可能对自然造成毁灭性的影响，而这种影响终会反作用于人类。由于人类活动的开展，生态循环系统中不同生物间通过捕食与被捕食的关系紧密联系起来，这种关系又通过自然选择优胜劣汰，强壮有力的生物才能生存下来，弱者被捕食，进行生态演替，而由于人类的过度捕杀打破了这一自然选择，会造成第六次物种大灭绝，这严重威胁到了生态系统的正常运转，长此以往，生态系统将面临崩溃。因此，只有人们意识到保护环境的重要性并切实保护环境，才能使人与自然和谐共处。简单来说，当人类活动做到了尊重自然、顺应自然发展的规律，就会促进人与自然的可持续发展，反之则会阻碍自然的发展，最终威胁人类生存。

二、环境污染对人体健康的影响

（一）环境污染概念

环境总是针对某一特定的主体或者空间而言的，因此环境具有相对的意义。经济发展离不开环境和自然资源的支持，但是随着生产规模的不断扩大，环境质量又会对经济发展产生很大的影响。人类赖以生存的环境自身会有一个承受能力阈值，而当人类的生产活动给环境造成的压力超过了这个阈值，环境污染就会持续恶化。所以，环境污染是指环境污染物被人类排放到环境中后，其对环境造成的压力高出了环境自身承受的能力阈值，进而使得环境质量不断下降。环境污染物就是被人类排放到环境中后造成环境状态发生异常变化，通过某种媒介损害人类与其他生物的物质。

（二）环境污染分类

由于产生来源有所不同，就造成环境污染物外在形态各式各样，其主要包括人类社会和自然界产生的各种各样物质。依据分类标准的不同，环境污染物的种类也不尽相同。依据污染链条层次的不同，环境污染物可以分为一次污染物和二次污染物；依据环境污染物内在特性的不同，环境污染物可以分为化学性污染物、物理性污染物和生物性污染物；依据环境污染物外在表现形态的不同，环境污染物主要可以分为大气污染物、水污染物和固体废弃污染物。

1. 大气污染物

近年来，因为能源结构不合理造成大量环境污染型能源的使用，所以大气中含有大量的氮氧化合物、二氧化硫等高污染型气体，这必然会导致空气质量下降，影响人类日常生活。酸雨产生的主要原因是大量二氧化硫和氮氧化合物排放量的持续上升。酸雨对农作物、森林植被、工业设备、土壤都有严重的损害和影响，尤其是对森林，特别是马尾松和针叶林更是毁灭性的打击。由于科技的进步，人类对二氧化碳的了解逐步深入，二氧化碳正是导致全球性变暖的罪魁祸首，从而引发全球性灾难。据相关资料显示，全球性变暖的结果就是全球范围内气温升高，南北极两地冰川漂移减少，大量的临海浅洼地区会被上涨的海水淹没，这样有限的陆地就会不断减少，人们的生存空间就会进一步缩小。

同时，随着人们生活水平的提高，私家车数量也呈井喷式增长，而汽车数量的增加也带来了尾气排放量的增加以及各类混合化合物。在紫外光的作用下，废气和化合物会发生光化反应，生成毒性物质，散发到大气当中，引发人类各类致命性疾病。

2. 水污染物

按照污水来源划分，水污染物主要包括各类工业废水、日常生活污水和各类农产品药物残留。目前，地球上总存储水量大约14亿立方千米，但是淡水资源的存储量却极为短缺，其他水量大都是海水或者咸水，基本上不能直接使用。

由于石油、化工、煤炭、采矿、冶金、造纸、印染等传统工业的迅猛发展，工业用水量成倍增加。随着工业废水的大量排放，大量有害物质流入湖泊、河流和海洋，造成了严重污染。现阶段，城市中大量的生活用水，包括粪池中的污水、各种洗刷废水等，它们大都未经过任何处理就直接排放到大自然当中，因此，城市生活污水也是不可忽视的污染源。与此同时，化肥、农药也不断污染我们的水资源。全世界每年因水污染致死的人数在逐渐上升，更重要的是某些地方会出现一些包括癌症在内的怪病，经科学证实都与水污染有着千丝万缕的关系。

3. 固体废物

固体废物是指在经济发展过程中向自然界排放的各类呈现固态特征的废弃物质。简单地说，等同于"垃圾"。它主要包括各类企业废料、生活残渣、建筑废料，等等。由于各类行业发展速度迅猛，固体废物的排放量也在不断增加，这大量占用了我国的陆地面积，同时这些固体废物还排放出大量的有毒气体和物质，极大地影响了居民的日常工作和生活，对环境质量的破坏程度也日益加剧。

（三）环境污染对人体健康的危害

现阶段，我国大气污染严重，空气环境质量恶化。某些典型的空气污染物在没有经过人体自身肝脏的解毒作用下，通过呼吸道直接进入人体内，从而引发各种急、慢性中毒和癌症；当大量水资源被污染以后，一旦人畜饮用受工业污染的水资源后就会出现中毒现象，婴幼儿食用后会出现发育不良、四肢变形和智力低下的情况。如果人们饮用了被人畜粪便污染的水资源后就会易患血吸虫病等有关的传染病；当固体废物被人们随意堆放后，它们内部的有毒物质在长时间堆放过程中会挥发到大气以及渗入土壤当中，威胁生态安全以及人类的日常生活和身体健康。

第四节　矿产生产对环境的影响

自改革开放以来，我国矿产行业发展迅速，我国国有矿山企业超 8 000 家，私营矿山企业超 23 万家。然而，矿业开发作为人类改造、破坏地球表面的活动，如此数量的矿业开发已给我国生态环境尤其是矿山及周边生态环境造成了巨大影响。据统计，我国矿业活动影响的土地面积约 1.4 万～2 万平方千米，并且每年仍然在增加，每年矿业开发占用耕地 0.986 万平方千米，约占我国全国耕地面积 1%。全国因采矿活动破坏的森林、草地面积分别达 1.06 万、0.263 万平方千米。有色金属工业排放固体废物每年 0.6 亿余吨，总存量超 10 亿吨，占用土地超过 0.07 万平方千米。而无论是废弃矿山还是在采矿山，我国受矿业开发影响的土地复垦率仅 13.3%，与发达国家 75% 的数据有较大差距。矿业活动对土地的影响是综合性的，未经恢复治理的废弃矿山或存在包括地表景观、土地资源、水资源、诱发地质灾害等多方面生态环境问题。

一、影响地面环境

（一）破坏地表景观

矿产开采主要分为露采与硐采两种方式。其中，露采即露天开采，矿山的露天开采会剥蚀地表土地破坏矿山原有地形地貌及地表景观；硐采即地下开采，在矿山的地下开采过程中，矿物被挖出使原本相对致密的山体、土地中形成空洞，上覆岩土体失去支承后易发生位移、形变，甚至产生地面塌陷从而影响地表景观。无论是露天还是地下开采矿山，矿山所附属的矿山道路建设、矿山配套生活区建设，以及采矿产生的尾矿、采矿弃渣、冶矿弃渣随意堆放也会改变原有地表环境，破坏地表景观；此外，开采前原为森林、草地等覆盖的原始山体，在矿产开采时被砍伐、压覆，也会对地表景观造成严重影响。因此，通常情况下矿产开采会对地表景观造成影响，未经恢复治理的废弃矿山地表景观多遭受到了不同程度破坏。

（二）影响土地资源

我国是世界人口数量最多的国家，但适宜居住的土地面积占全国土地总面积比重并不大，可谓存在"人多地少"的矛盾，而矿产资源开发会破坏、占用大量土地资源，加剧我国土地紧张的局面。比如，部分矿业开采时人工降水使地下水位下降严重，造成地表土壤缺水，土壤承载力下降，植被死亡，进一步导致了水土流失、土地荒漠化。

又如，金属矿的开采、选矿、冶矿，使原本深埋于地表之下的矿石暴露于空气中，导致其化学性质改变，或产生易污染土地的有毒、有害物质。有色金属矿开采往往会产生大量此类固体废物，此类废弃物经长期风化、雨淋等因素共同作用，有害物质渗入土地，从而造成了土地基质污染，被污染的土地在未经治理的情况下往往难以进行利用。

（三）加剧生态破坏与水土流失

采矿、挖矿会在不同程度上破坏生态环境资源的各生态因子，甚至会给整个生态系统类型带来较大的影响，导致整体生态环境恶化。

地表因地下过度开挖导致出现裂缝塌陷，干旱山区裂缝塌陷容易流失水土，导致农田干旱；平原区容易因开挖塌陷形成沼泽或积水洼地，使原本是干旱地农业生态环境的沉陷区逐步转变为水生生态环境。但无论哪一种情况都是因为煤矿开采塌陷导致生态环境条件被改变，危及农作物生长，导致农业减产甚至绝收；导致大量水生物和鱼类死亡，影响水产业收成。

总而言之，矿山开采会在不同程度上破坏草原、森林、天然植被，导致地形地貌开裂沉陷，污染大气、水体，破坏正常生态和食物链。生态恶化会加剧水土流失，造成土地盐碱化和荒漠化，危及人类生存与发展，导致社会经济系统和自然生态系统陷入发展的恶性循环，导致更大危害发生。

二、影响水资源

矿井或采坑的疏干排水，以及矿业开采引发的矿区地面塌陷、地裂缝等，多会改变矿山及周边水文地质条件，造成地下水位下降，进而可能造成溪沟断流、井水干涸，影响周边人民群众生活用水、农田灌溉；矿业开采破坏地表植被，使得表土水分含量下降，影响地表水下渗，并且地下开采或改变地下径流流向，这些因素也有可能导致河流、溪沟断流；有的矿山将河床作为采矿废水排放及弃渣倾倒途径，或阻碍行洪；采矿废水多呈酸性，并含有大量有害物质，被采矿废水污染的水资源未经处理难以供人类生活使用。总之，矿业活动可能导致水源枯竭或难以利用，影响周边人类生产生活及物种生存。

三、影响大气

在矿产资源开发利用各环节中，包括：采矿、选矿、冶矿等，都会向空气中排放大量有毒、有害气体以及粉尘、飞灰等有害物质。比如，采矿活动中使用的内燃机，在运行过程中会排放一氧化碳、二氧化碳、二氧化氮、硫化氢等有毒、有害气体；选矿活动中，矿石的研磨、破碎等，会产生有毒物质及粉尘；采用火法冶炼时，冶炼使用的煤燃烧后会向空气排放对生物及人体有害的微小灰粒——飞灰；矿区内的运输活动，也会产生含重金属的废气、扬尘等。并且，矿业活动产生的废气、飞灰、粉尘等除了会对大气环境造成负面影响，还可能造成土壤板结，影响植物生长及农业耕种。

四、破坏生物多样性

在矿山开采过程中，爆破的震动、机械的轰鸣声、对土壤的扰动、对植被的砍伐等，不可避免会破坏植被、动植物生存环境，导致植物死亡、动物逃离矿区，影响矿山及周边生物多样性。此外，生物多样性丧失后，停止开采的废弃矿山土地通常过于坚实或疏松，持水保肥能力下降，土地相对贫瘠，并且可能存在重金属含量高、pH 值异常、水分含量低、微生物活性差等情况，即使有少数耐性植物能够自然生长，但整体植被演替依旧困难，生物多样性恢复将会非常缓慢。因此，在开采活动停止后，未经恢复治理的废弃矿山、周边被污染的土地、水资源，以及堆放的有毒、有害废弃物等，同样是生物多样性恢复的障碍。此类生物多样性遭到破坏，动植物群落难以恢复的废弃矿山在各地并不鲜见。

五、引发地质灾害及矿震

矿业开采同样也可能引发地质灾害及矿震等次生问题。比如，废弃矿山的固体废物常随意堆放于矿山坡面及周边沟谷，这些松散堆积的固体废物在强降水等因素诱发下，易产生滑坡、崩塌、泥石流等地质灾害；矿山开采破坏地表植被使岩土体裸露，缺少植被根系固定的岩土体在雨水及地表径流的直接冲刷作用下，也容易产生滑坡、泥石流等地质灾害；岩溶地区矿山及矿山采空区，也可能发生岩溶塌陷或采空塌陷。若此类矿山靠近人类聚落，一旦发生地质灾害会使道路、民房、工矿企业等生产、生活设施遭受破坏，严重威胁人民群众生命财产安全。例如，黑龙江四大煤城地面沉降、地面塌陷的案例，正是因煤炭开采形成采空区所引发的。此外，我国有部分矿山曾发生过采矿诱发地震的情况，造成了矿井内作业人员伤亡，这也是矿产开采引发的生态环境问题。

第五节　我国环境保护方针、目标与对策

一、保护环境是我国一项基本国策

（一）方针条款型基本国策

国家方针条款的概念源于德国宪法学家对魏玛宪法中有关基本权利条款的探讨，方针条款不具备强制性的规范效力，条款具有指引性，国家机关制定相关计划需要考量方针条款的内容。因此，公民不能直接根据此条款向国家请求某项具体的权利。方针条款不同于严格意义上的"法规"，一般不具有直接的法律效力，需经过立法者制定相关配套的法律将其具体化后才能更好地施行。可见方针条款

理论间接性承认了宪法的效力并非都具有约束力，若立法者立法不作为也不构成违宪。就宪法文本中方针条款型的环境基本国策而言，只是对环境保护作出抽象概括的阐述，对国家机关的保护义务并没有做出详细规定，也没有明确环境保护的具体措施。由此可见，方针型基本国策更类似于一种指导性和宣示性的条款，对其他法律条文或行为无法产生拘束力。关于方针条款无拘束力的观点随后遭到学界的质疑，有德国学者提出方针条款在对立法、国家行为指引上具有特定的强制约束力。有关方针条款的争论一直持续到《德意志联邦共和国基本法》（以下简称《基本法》）制定修改过程中，此时出现了否定方针条款的言论，认为方针条款是宪法中的政治乌托邦，属于无法履行的条款。在《基本法》颁布后，方针条款被全面地审视，多数德国学者拒绝延续魏玛时期的方针条款思想，宪法委托理论随之兴起。

（二）宪法委托型基本国策

宪法委托理论发端于德国学者讨论人民基本权利是否具有拘束力，学者对国家宪政与法律体系进行了重新界定，提出了宪法委托理论，将宪法委托分为两类：一是立法委托，二是宪法训令。立法委托需要立法者根据宪法规定的方向来进行立法，这是根据社会发展的现实状况而产生的。由于国家事务日趋复杂化，宪法条文又具有抽象性与统领性，需要由具备立法权限的国家机关针对多变的社会事态中所出现的具体问题进行立法。立法委托又可分为显性的委托和隐含的委托。譬如，《基本法》中第6条第5款关于非婚生儿童的保护条款便是一种明显的委托，表现为直接规定于法律文本中，《基本法》中以明示的方式要求国家机关通过立法的方式确保非婚生子女享有与婚生子女同等的权利。隐含的委托则是指，宪法条文中未直接规定由立法者进行相关的立法行为，而采用以间接方式指示立法者作为。宪法训令指宪法的规定可以由行政机关、司法机关来实现，不仅仅是局限于由立法机关来执行。德国学界普遍承认宪法委托是一种纲要性、原则性的规定，并不能直接适用，需通过委托国家权力机关尤其是立法机关来制定具体部门法律或运用其他方式将宪法条文具体化。宪法委托的法律性质是宪法赋予立法者根据宪法文本内涵制定相关法律以此来贯彻宪法精神，并非是一个单纯的政治宣言，它具备了一定的法律拘束力。采用环境基本国策模式的国家大多数将基本国策条款定性为宪法委托，意味着宪法对立法者提出环境保护的要求，给予立法者强制性环境保护的立法义务。

（三）国家目标型基本国策

国家目标型基本国策作为宪法对国家的政策性指示，为国家权力机关设定了不同的环境保护义务。环境问题的复杂性决定了需要多方位的国家权力机关相互配合履行其职责，立法机关负责制定相关的环境保护法律，行政机关在环境保护政策执行过程中处于重要地位，司法机关则提供相应的环境司法救济。以德国《基本法》中的环境目标条款为代表，1994 年德国修改《基本法》，并在关于宪法基本原则的规定后面新增了第 20 条规定"德国肩负使德国公民以及后代人生活于有保障的自然环境中的责任"，并且德国将环境保护条款确定为"国家目标条款"。与宪法委托型条款不同，国家目标条款扩大了履行环境保护义务主体的范围，不仅对立法机关提出环境保护的要求，也对行政机关与司法机关具有拘束力。将环境基本国策定性为国家目标条款，说明打造优良环境是整个国家乃至全人类共同追求的目标，具有公共利益的性质。将环境保护作为国家的目标，其约束的对象则成了国家，然而国家作为抽象的概念，在履行其环境保护的义务时，需由具有相对应权力的国家机关实施。

二、我国环境保护方针和目标

（一）我国环境保护的方针

环境管理"八项制度"出台，对环境在评估、收费、保护、综合整治等方面上做出一系列规定，利用法律手段引导对环境友好的先进技术发展，对推进我国环境保护管理发挥着重要作用。随后，国家发展和改革委员会、财政部启动"城市矿产"示范基地建设；科学技术部出台《废物资源化科技工程"十二五"专项规划》，促进循环经济形成，推动资源循环利用产业发展。与此同时，围绕矿山生态环境保护的规章制度相继出台，启动矿山生态环境补偿机制，加强矿山生态环境监管和治理。2021 年国务院印发《2030 年前碳达峰行动方案》，提出加速形成节约资源与环境保护的"碳达峰""碳中和"行动方案，承诺我国 2030 年前二氧化碳排放量不再增长，表明我国坚定不移走生态优先、绿色低碳的高质量可持续发展道路的决心。当前，在习近平生态文明思想的科学指引下，生态保护在我国国家治理体系中的地位和作用不断提升，生态保护事业得到长足发展。习近平总书记提出的"绿水青山就是金山银山""生态文明建设是关乎中华民族永续发展的根本大计"，深刻揭示了人与自然是生命共同体的内在有机联系，科学阐明了要实现永续发展，必须抓好生态文明建设，必须坚持在发展中保护、在保护中发展，为我国矿产资源开发与利用、经济发展与环境保护协同共进指明了前进方向，为实现人与自然和谐发展提供了强大的实践动力。

（二）我国环境保护的目标

全球环境问题日益严重，国家积极履行环境保护义务成为普遍现象，其落实还必须着眼于具体的环境保护目标。实际上，具体的环境目标对于当地政府治理、改善环境以及维持现有的良好环境十分重要。譬如，2018年宁夏的毛乌素沙地和腾格里沙漠变为绿洲，这种逆沙漠化的转变，就是因为当地政府根据《中华人民共和国环境保护法》（以下简称《环境保护法》）具体的规定，因地制宜地制定相关的环境治理目标，从而为了达到这个目标，与当地民众一起努力，才能让毛乌素沙地和腾格里沙漠转变为绿洲，使得当地有一个良好的生活和生存环境。又如，2020年河南省在环境治理方面取得了非常大的成功，大气和水质相比以前明显有所好转，PM2.5浓度全省平均为44.8微克／立方米，同比有所下降，下降了超过十分之一；省内水质持续变好，与环境目标和生态环境保护相关指标都是超额完成的。我国在环境治理方面之所以取得如此大的成就，也离不开政府将《环境保护法》《大气污染防治条例》中关于环境保护目标的规定落实到位，根据各地区的环境实际情况，将上位法环境保护目标的规定细化落实。由此可知，若要治理和改善环境、维持良好的现有环境，必须根据当地的实际情况将我国《环境保护法》中关于环境保护目标的规定转化为当地的环境保护目标，使之成为政府履行环境保护义务的目标，并为之努力，才能使环境得以变好。国家环境保护义务的实现要求国家最高权力机关确定环境保护目标，以便每个国家机关根据环境目标执行相应的国家环境保护任务。从我国意识到环境问题的严重性，并且将生态环境保护付诸实践起，直到现在，我国立法都有关于环境保护目标的确立，并且经过环境治理，环境保护目标的设立从"总量控制目标"转变为"环境质量改善目标"，并且环境保护目标的设立的确使得我国整体的生态环境有所好转。由于环境保护目标的设定既牵系着人民大众的健康与自由发展的平衡，也关乎着我国如何处理好经济发展与生态环境保护之间关系的问题，只能由立法机关通过立法来确定，而不能通过行政机关来确立，唯有如此，方能作为政府环境保护责任目标的依据。

三、我国环境保护对策

（一）完善公众参与环境保护法规建设

环境保护离不开公众参与，公众参与是环境保护监制机制中最重要的组成部分，地方政府应当鼓励和支持公众参与监督和建设当地的环境保护事业。我国的《环境保护法》中一方面明文规定了公众有权利对环境问题、环境污染者以及对环境问题处理不力的相关政府机关进行举报；另一方面也规定了政府要为公民参与监督提供便利和保障，作为地方政府环境保护中的一股外部力量，如果地方政府能够保障公民参与的途径并对公众的声音做出有力回应的话，就能对公众自觉参与和参与积极性的提升起到推动和促进作用，有效地促进地方政府落实环境保护职责。

目前，我国发达地区的五个省市在关于公众参与这一块主要问题，还是地方政府信息公开程度不够高导致无法充分满足公民知情权来调动积极性，公众的参与渠道效果有限无法保障公众的参与权，以及监督机制不健全，无法激励公众主动参与监督的机制。因此，主要的建设方向应当集中在这三个方面。

1. 制定地方政府信息公开程序和范围的新规

在知情权的法制建设方面，地方政府首先必须确保环境信息的全面公开才有公众参与民主化的可能性，基于完全透明的环境监管行为后的结果才更加有说服力和实践的意义。目前我国环境保护法上在知情权方面的主要问题体现在规定的都是些原则性的内容，比如，"公民享有获取环境信息、参与监督环保的权利"或者"环境保护部门应公开环境信息，完善公众参与程序"等，内容笼统无细致的程序性规定，导致公众只知道自己能参与却不知如何参与，也就失去了参与的热情和积极性。在这方面应当在原则性的内容之外做出图文并茂的补充说明，详细介绍公民参与的每一步是什么，如何对公民的参与权进行保障等，从而提高公众参与的积极性。

首先，制定法规规定政府的信息公开程序性规范，对要求地方政府公开的环境信息内容范围做硬性规定，并要求公众监督，尤其是新闻媒体、网络媒体的监督，"迫使"地方政府必须把环境信息暴露在公众的视野之下接受社会的检查并对社会的提问和质疑做出回应，从而加强地方政府自身环境工作的有效性。

其次，对公众获得环境信息的相关规定予以完善，公众通过政府公告了解相关环境政策的具体内容，可以通过居民意见书反馈其问题和建议。各项数据的具体来源等信息要做出细化的规定，从而为公众的监督行为提供引导和支持，才能调动公众的监督热情与积极性。

2. 完善和细化现有公众参与制度

在参与权的法制建设方面，问题同样是规定比较笼统，没有详细的执行流程和硬性规定。例如，《环境保护法》规定"应当编制环境影响报告书的建设项目，建设单位应当在编制时向可能受影响的公众说明情况"，但在实践的过程中这种提前向公众说明情况的现象很少，有的即使说明了也没有真实地反映情况，导致后续环境问题产生后引发公众的不满。在《环境保护公众参与办法》中，虽然鼓励公众参与监督和举报，也要求地方政府鼓励公众参与并回应公众，但是并没有与之相伴随的详细文件来说明参与的具体途径与地方政府处理的具体流程。因此，首先要做的就是完善、细化现有的公众参与规定的条文，尤其是在东南沿海发达地区的地方性法规中根据当地实际情况，写明参与的具体流程和公众的权利范围，同时确保其具有可操作性，让公众参与时能明确自己该做什么、能做什么，公众才会有参与的意愿和动力。

此外，将居民参与的渠道流程化，大体分为事前参与、过程参与和事后参与。事前参与就是指在地方政府召开的环境治理听证会上公众对地方政府的行动方案进行初步了解并提出意见，公众的意见往往比政府更加具有公平性和可接受性，地方政府认真分析和采纳公众的意见。过程参与主要表现为政府执行环境政策过程中公众对执行信息的获取和监督的过程，包括政府信息公开、允许媒体进入企业和政府了解详细情况、参与环境影响评价等方式，同样对于这些方式要有法律的保障以及具体操作流程的明文规定，过程的参与有助于不断校正环境政策执行偏差，确保环境政策朝着正确方向进行。事后参与主要指对地方政府环境政策结果的评估，公众的参与虽然很难得到科学量化的结果，但最能关系和影响到公众日常生活的基本感知是有的，空气质量是否提升，水质是否更干净，酸雨是否减少，环境污染疾病是否减少等，都可以作为公众事后参与的评估标准。

3. 保障公民的监督权

在监督权的建设方面，要知道虽然公众并非环境保护方面的专业人士，但是在环境问题上社会公众作为数量最庞大的、利害关系最多的关系人，往往比地方政府更加在意环境问题，因此社会公众有更加真实和直观的感受，他们所看到的问题往往更加细致和清晰。

必须完善和保障公民监督的合法权益，首先，同样是对公民参与监督的行为过程进行细化和制度化，并对参与监督并提出合理建议的人提供奖励，对公众监督评价的反馈要设立一个问答平台并对公众个人信息做到充分保护，防止涉事人员打击报复。

其次，对公众反映的问题，如果是由于执行人员失职而产生的，就必须要对失职人员有严格的惩罚措施，如果公众的反馈普遍偏正向的，那么就可以对环境执行人员进行奖励，并且将处理结果对全社会予以公开。这样一来已经作为监督者的政府环保机构自身也变成被监督者，他们的权力就受到了极大的限制，不得不更加严格认真地履行自己的监督职责。从最早公众监督的反馈结果上实行奖惩制，能够提高执行人员做事的积极性，从而提升环境行政的效率。

（二）强化技术与资金支撑形成合力

1. 加大技术投入

（1）强化科技支撑

在更新的大气污染源动态清单基础上，对大气污染源进行分析，评估减排措施的有效性，形成动态追踪大气污染源的基本能力。加强污染天气成因研究，开展夏季挥发性有机化合物（VOCs）走航观测、秋冬季颗粒物源解析，研究形成机理与控制路径。综合运用互联网大数据及人工智能等技术手段建立"生态环境大数据平台"，融合发改、工信、公安、住建、交通运输等各个部门的环保数据资源，实现信息共享，加强大数据分析应用。完善预防和控制空气污染的专家咨询机制，深化与高校以及科研机构的合作，利用重点实验室和技术中心来提高科学治理的充分性和有效性。

（2）完善监控体系

完善全省大气环境监测网络建设，新建一批网格微型站，新增监测气象五参数、VOCs、颗粒物组分、光化学指标、氨气、降尘量等监测。推进畜禽养殖密集区氨气排放监测试点。强化质量监督检查机制、实验室比对、第三方质量监督、信用评级，规范环境空气自动监测行为。建立环境监测、执法、预警和部署一体化平台，构建"互联网＋"执法模式，完善网络超标数据监测、传输、督办工作机制，提高执法效率。通过构建完善的大气环境管理大数据平台，实现环境数据监测的可视化和一体化展示，形成"监测—监督—管理—指挥—统计—决策—监测"生态环境监管的闭环管理。

（3）强化共治共享

综合运用多种媒体，传播新方法、新经验、新典型，营造河北大气污染综合治理的良好氛围。加强公众参与，建立奖励机制和曝光平台，也可以进社区、学校开展环境保护活动，例如，"最美蓝天卫士"评选，通过树立先进典型来提高群众的主观能动性，增强群众的参与感，以此来达到全民环保的目的。

2. 加大环境保护的资金投入

提高环境执法监督的有效性，是一项综合性的系统工程。全面推进这一"工程"，要以法律为基础，以执法为核心，以实施为重点。环境执法监督是否有效是环境监管水平高与低的关键。新时期环境执法要求基层环境执法机构具备必要的监督检查能力，地方政府要提供足够的资金支持，确保环境执法监督检查的有效性。

第一，基层环保执法部门要先行调研，根据实际工作及财务状况，配备管控检查设备，杜绝出现专业设备闲置的现象。

第二，地方环保执法机构配备必要监测检查设备数量较少，不能满足实际需要，需要借助专业机构的力量来参与监测工作。基层政府应引入第三方专业机构来进行环保监测工作，充分调动他们的专业性和积极性，必要时可以为第三方提供监测专项资金。充足的资金支持可以确保及时准确的监测和检查结果，确保环境监测和执法以证据为基础，减少程序缺陷的可能性。

第三，加大对绿色企业发展的财政激励和信贷支持。建设高标准、高质量的污染防治设施和高水平、低排放的绿色企业，对于环保标杆企业应实施减免环境保护税优惠政策，对符合条件的大气污染治理项目给予补贴，提高绿色信贷和绿色证券政策，促进排污权和能源使用权有偿使用和交易试点的施行。对焦炭、矿石、钢材、水泥等大宗货物运输制定优惠政策，在购车补贴、注册上牌、便利使用、充电优惠等方面给予支持；充分发挥资本市场融资功能，引导企业和社会资金通过多种渠道积极投入大气污染防治。

（三）全面提升环境教育质与量

1. 丰富中小学环境教育的学科内容与实践

（1）加大环境相关内容所占学科的数量

在环境教育方面首先要做的就是加强环境相关课程所占科目的比重，不能仅仅局限于地理一科，可以适当在文科的历史课中加入基于历史观点的环境可持续发展研究，政治课中加入现代社会政治经济发展对可持续发展社会形成的要求研究等，在理科的物理课中加入各种能源的再生特性和利用，化学课中加入金属塑料等材料的再利用等。通过将环境保护的相关内容渗透至各个学科，让环境保护的内容并非独立存在于一本教科书中，而是在各个学科之间融会贯通，从而建立起环境保护无处不在的学习意识体系。

此外，体育课也不能一味地只进行身体锻炼，应适当加入保健的相关内容。在小学阶段，教导孩子们将身体健康与生活环境紧密相连，强调良好的自然环境对人们健康生活的重要性；到了中学阶段，则重点学习人们的生活与产业活动、环境污染对人们健康的影响，以及区域性如东南沿海地区的水污染与健康的关系和如何应对等内容。应当把涉及环境保护与可持续发展的内容渗透到大多数学科当中去，让学生在潜移默化中，牢记环境保护知识。

（2）重视实践教育

我国在开展环境教育的过程中也要高度重视学生的实践能力，如果没能在中小学时期学习环境保护知识，这对个人素质的提升甚至可持续发展社会的建设都是非常不利的。因此，中小学的环境教育政策中要逐步加入课堂和户外相结合的内容，除了要求学校加大各个学科对环境保护的理论知识学习，还必须进行户外教学。

例如，东南沿海地区的自然风光和自然资源相对内陆更加丰富，有利于学生从小对自然环境有着更加丰富的感性认识。中低年级的学生可以由老师带领去校外亲近和感受自然，并利用春游、秋游等活动加大对环境保护教育的力度，而不是只让其流于形式，变成户外游玩。对高年级的学生来说，可以通过基本的手工实践等方式让孩子们提高的废物利用的能力与意识的培养，通过循序渐进的方式对中小学学生的环境保护意识与能力进行培养。中学课堂相对更紧张，例如，在室内课堂上，地理课要求以加强学生动手能力为目标教授绘制环境地图，然后对环境从外部空间分布到内在关系的构成与发展变化进行学习；在室外，可以利用政策规定的方式要求学校让学生在寒暑假必须进行户外环境调研作业，可以结合书本所学知识对附近河海的水质、土壤、空气等基本情况进行记录，作为所有中学生必须完成的假期作业，并把这些个人能力的培养写入教师考核指标中。

2. 提升大学环境教育的高度

（1）环境人才的培养计划

环境人才指的是要具有对环境事业的热情，拥有环境保护相关的专业知识以及具有较强的领导才能的人。一般认为，环境人才最主要的培养基地是高校，这本身也是大专院校无法取代的一项基本职能。我国高校环境人才培养目标的建设可以参照日本高校，在环境方面的培养可以将毕业生分两大类，分别是"环境关心型公民"和"环境关心型人才"。前者指的是毕业生今后的生活中作为普通消费者要有基本的环保意识和较高的环保热情，在生活中主动选择对环境负担更小的商品和服务，这一类人的在高校中占绝大多数。后者指的是有专业知识和能力并参与构建社会可持续发展系统的专业型人才，他们除了做到"环境关心型公民"所做到的外还需要主动研究环境保护知识，推动政策与制度的创新并且具有领导才能，可以构筑未来社会。

（2）加强大学环境教育学科建设

我国大学环境教育专业已建成基本的体系，但在专业的设置、专业环境教育研究深度和非专业环境教育的必要性建设方面还需要不断完善，我们必须要建设专业设置多元化、环境自然科学与社会科学兼顾、能够理论联系实际的环境类学科专业体系。具有地方环境特色的高校可以立足于当地的环境特色与具体情况，以丰富的教育资源作为基础，增加对环境学科，尤其是具有地方特色的环境学科的设置，实现环境科学的文理均衡发展，尽快形成符合我国当下所需要的环境类学科专业体系。

要兼顾非专业环境教育，在环境建设上除了需要环境专业人才以外，还需要其他各个领域，比如，管理、政治、经济等方面的人才予以辅助支持。因此，为了满足这一需求，大学环境教育也必须对非环境专业的人进行必要的环境综合教育，将可持续发展、环境保护等理念深入到每一个专业当中去，从而确保我国生态文明建设中既有专业人才支撑，也有非专业人士做支援和补充。

3. 活用社会资源进行社会环境教育

（1）充分利用公共设施进行社会环境教育

在地铁、公交等公共交通载具的移动电视上减少广告、娱乐节目等播放频率，投放大量环境保护相关的内容，例如，对垃圾分类好处的讲解以及详细分类方法等实用小知识的宣传。博物馆、少年宫等具有科普性质的公共场所可以通过定期举办环境主题展览和环境知识科普的活动，通用邀请环境专业人士或高校人才来进行环境知识的讲解和科普，加强对环境知识的宣传，加深公众对环境问题的理解。

（2）发挥社区作用进行社会环境教育

环境问题联系着社会的每一个人，它与人们的日常生活息息相关，因此为了加深普通社会公众对环境问题与环境保护的深刻认识，除了要加强学校和企业的环境教育外还必须通过社会环境教育的手段，来提高每一个社会公民的环境保护意识，让人们对环境问题有一个理性的认识，才能让人们参与环境保护与生态文明建设事业更有积极性。

要发挥社区的作用，社区应当成立专门的环境保护宣传和执行部门，定期性地针对现实中正发生的环境问题向居民发放具有科普性的宣传单，在社区的宣传栏上刊登相关的环境保护知识和行为倡议等，利用多种形式来进行环境理念的宣传。对于环境问题视而不见或是不配合的人，先进行口头规劝，发挥居委会的作用，让居委会成员上门教育，对于拒不悔改之人应当予以处罚。

此外，要推进环境知识的专业化普及，地方政府的环境保护部门应定期在社区开展环境知识宣传讲座，让专业人员现场进行环境知识的普及，并与居民特别是居民代表、居委会成员等人进行互动，加深社区公众对环境问题的认识。

（四）健全环境保护工作保障机制

1. 完善考评制度

为了改变以国内生产总值（GDP）为核心的传统政府绩效考核体系，党和中央提出了"绿色绩效"，要求政府官员在绩效考核中不能单方面关注增长、经济，应增加环境保护。基层政府在建设农村环境生态文明的过程中，要始终坚持走绿色发展道路，坚持绿色发展理念。各地的生态文明绩效与责任追究制度研究尚处于探索阶段。生态文明建设是一个长期、渐进的过程，可以从以下几个方面进行尝试。

一是制定环境保护和治理标准。将生态文明纳入政府官员的绩效考核中，设置环保投入率、环境污染改善率、环境指标的不同程度、环境事件增长率、环境问题响应人数等参数，并作为公职人员选拔、奖惩、任用的依据，确保考核的公正客观。此外，加大惩戒力度，对环境绩效考核不力的政府官员将不予提拔或重用，对违法违规者将依法追究责任。环境保护工作考核标准的发展要有利于激发领导干部工作的积极性，改变传统的绩效考核制度，从而促进绩效考核制度的创新。

二是引入社会监督和公众参与评价机制。针对过去在政府绩效评价中参与者（集中于政府）的简化，需要适时加强社会监督和公众参与力度。环境保护和治理薄弱的原因之一是一部人存在躲避、逃避的消极心理，他们经常置身于环境问题之外而无动于衷。为了克服这种心理，应引入社会监督和公众参与评价机制，确保政府环境绩效评价的有效性。

三是加强生态环境绩效评价。积极引入第三方并对政府生态环境绩效进行评估，充分利用第三方评级机构的优势。一方面，由于其独立性，评价结果更加客观公正。另一方面，评价的主体多样，除了上级政府评价之外，第三方机构的存在可以弥补对政府绩效评价的不足。

2. 落实问责制度

实现政府环境保护的核心是落实环境责任制。县级政府应在环境保护过程中建立有效的责任追究制度，落实问责制。按照谁污染谁负责、污染大负担重、节能环保效益补偿的原则，积极推行生态奖惩制度，动员企业减少污染和排放。

一是明确环境责任主体。按照我国现行的环境责任制度，主体责任以内部责任为主，而对外部责任似乎相对薄弱。

首先，要健全问责制度。县级人大对县级政府的监管内容较为复杂，往往忽视环境责任工作的落实，弱化环境监督和问责的权力。为弥补这一不足，人大应积极领导并设立专门的机构，监督履行环境责任工作，赋予其相应权力。通过赋予专门机构独立的监督权，聘任具备专业能力的工作人员，能够保证机构在政府环境责任方面的专业性。

其次，要完善司法问责制度。应对环境责任认识、落实不到位的官员依法追究相关责任，使全面依法治国工作有效开展。

最后，要拓宽媒体和公众问责渠道。充分发挥人民群众的主人翁意识，积极推进民主政治。县级政府公开环境工作的进展和成果，保障媒体和公众对政府环境保护工作的知情权，充分发挥媒体、公众参与和监督的责任感。

二是划清环境责任。针对县级政府在环境保护和治理方面责权不分的情况。

首先，要明确各部门的环境责任，避免出现同一问题几位领导负责的现象。对职能交叉重叠的部门，要区分职能权限，简化环境事务工作之间的关系，明确各部门的职责范围，设立专门部门统筹协调各部门相关事务。该专职部门应对未完成或执行不力的环境事务负责部门和领导进行问责，情节严重的，将移交司法机关处理。

其次，要实行环境责任终身负责制。我国县级政府官员任用具有短期特征，而污染或环境保护则具有长期特征。因此，有必要建立环境责任，实行终身责任制，严厉惩处不作为的官员，决不能容忍在环境保护中的失职渎职，要提高官员的履职意识。

第二章　矿山环境保护现状

　　着眼合理地开发矿产资源，维护各生态系统的平衡，分析矿山环境保护的现状。针对不同的矿山环境问题，提出相应的治理对策，实现经济高质量发展的同时促进生态环境的可持续发展是本章研究的重点。本章分为矿山环境保护现状、矿山环境保护对策及建议、矿山环境保护的管理与监测三部分。

第一节　矿山环境保护现状

一、国内矿山环境保护现状

　　从 1990 年开始，国家和社会开始关注资源开发对环境的破坏问题，国内很多学者一是开始针对"废弃物、废水、废气"排放的治理研究，二是研究矿山频发的地质灾害，因为地质灾害造成的环境质量急剧下降、土地资源也被大量地破坏。进入新世纪以后，国家开始重视矿业经济的可持续发展，把矿山地质环境恢复治理作为实现环境转变的重要环节，不断加大治理投入，改善生态环境、改善民生、恢复植被和耕地、提高土地利用率。2016 年，五部委联合发布了《关于加强矿山地质环境恢复和综合治理的指导意见》，加快推进了矿山地质环境的治理和研究工作。

　　近年来，根据习近平总书记"绿水青山就是金山银山"的理念，贯彻习近平新时代中国特色社会主义思想的发展要求，一要创新发展：如提高尾矿残留矿的回收率、矿山废弃地通过增减挂钩项目进行转型使用、集体土地流转、引入 PPP（Public-Private-Partner）治理模式、第三方治理等；二要共享发展：矿区土地可以入股矿山开发、矿区群众参与矿山生产和发展、对口帮扶进行脱贫攻坚等方式。

　　但是，我国的矿山环境恢复治理工作目前推进还较慢，全国需要治理的矿山面积非常大，需要大量资金投入。根据当前实际，结合近几年推进矿山环境恢复治理工作实践，推进矿山环境恢复工作，面临三道"关"：一是资金保障关，资金缺口大，满足不了恢复治理所需；二是实施监管关，工程治理监管难，以治理之名，行盗采之实；三是关闭退出关，部分矿山关闭后没有退出，存在关停而不退出的现象。而且在治理项目的实施过程中，还存在着不少问题，如前期研究谋划不够，项目设计文本的深度不够，施工过程中管理混乱，监理没有履职履责，施工项目进度管理跟不上，大幅度拖长工期，配套资金难以到位，使用不规范，等等。

二、国外矿山环境保护现状

国外对矿山环境的保护研究比较早，20 世纪 60 年代，许多矿产资源开发大国就开始关注矿山环境的保护与治理，他们根据本国的实际情况，出台了一系列的政策措施和法律法规，建立了严格的矿山环境保护制度。

国外的许多国家大规模开发矿产资源的历史十分悠久，加拿大、美国、澳大利亚等国家既是经济发达国家，也都是矿业大国，他们在矿山环境保护治理方面的经验非常值得我们借鉴。1970 年以前，这些经济发达国家走先污染后治理的发展道路，经历过环境危机，付出了惨痛的代价，然后在这一基础上吸取了经验，改变了原来以破坏生态环境和消耗大量资源的发展方式，转为绿色和可持续发展的方式，被破坏的生态环境也导致各国政府在矿山环境修复治理方面付出了巨大的代价。经过多年的探索，这些国家对环保政策进行调整，现在已成功实现了由"先破坏后治理"向"预防为主、防治结合"的转变。这也给我国的矿山恢复治理、资源开采和环境保护的矿山协调发展方面提供了宝贵的经验。近年来，国外的矿山环境保护又产生了一系列的变化，主要体现在从静态的政策制定转变为动态调整的管理；从单一行政管理变为管理和奖励多手段相结合；从命令式、任务式转变为加强政府部门与矿山企业的合作、共同管理。许多国家按照"谁污染，谁付费"的原则，将矿山环境治理恢复纳入相关法律法规。以下为相关国家矿山环境保护治理的实践经验。

加拿大的行政管理方式：从矿山生态环境和安全生产两方面进行管理。矿山恢复治理工程是一个长期持续的工程，主要是因为资源开采造成破坏的土地、水资源、植被生物恢复到一个良好的状态需要很长的时间。矿山恢复治理的最终目标是矿山生态环境要达到或接近采矿活动之前的原始自然生态环境。矿区恢复治理的技术包括：搬迁拆毁建筑物、加固基础设施、填充地下空区稳定地表、控制地面塌陷变形、处理尾矿尾砂和工业废水、恢复植被。

美国的管理做法：矿山地质环境恢复治理的技术规范是依据《复垦法》中的相关规定要求。主要遵循"原样复垦"的基本原则，要求按矿业开发前地形地貌、生物植被群体的原始自然状态进行环境恢复治理；技术处理固体废物的堆放和填埋，做好防渗措施，预防滑坡和泥石流地质灾害；在矿业开发全过程中产生的废水，全部必须经由无害化处理后才能排放；在土地复垦方面，根据复垦后的土地性质用途对复垦各方面都做出明确要求，并由专门的部门检查监督管理。

澳大利亚的管理做法：澳大利亚从 20 世纪 70 年代开始就重视矿山开采与农业发展、生态保护修复等问题。1974 年颁布实施《采矿法》，规定了联邦、州、地方各级政府矿区生态环境保护的责任。之后又出台了一系列法律，对矿山环境保护和土地复垦工作进行了细化，明确了相关工作要求。

第二节　矿山环境保护对策及建议

一、建立矿产资源生态补偿机制

生态补偿最初是自然科学的概念，是指生态系统的内部补偿。而对应的通过法律设定权利义务进行社会调控，对各方利益进行的再分配，可以看作是外部补偿。其实质是把生态补偿上升到法律层面，对主体行为进行管制，目的在于保护、修复生态系统服务功能。在外文文献中，与生态补偿相对应的概念几乎难以找到，比较相近的是生态系统服务费，它被视为一个有前途并以市场为基础的政策工具，从而体现出内部环境具有的外部性特征。在国内学术界，生态补偿的理论研究普遍分布在生态学和经济学这两方面，而法学研究者甚少，各学科虽尚未形成统一的认识，但综合起来看，可以从以下几个方面界定矿区生态补偿机制。

（一）确定补偿的主体

生态补偿的主体指的是参与到生态补偿活动中的行为人，通俗说法是由谁补偿，向谁补偿，这是一个双向主体。根据具体的主体特征不同分为法人和自然人，一种是生态破坏者、受益者，如因破坏矿山生态环境而承担修复义务的企业以及消费矿产资源的受益者；另一种是生态保护者、受损者，即投入保护生态环境或者因生态保护措施而受损失的主体，如丧失发展机会的矿区居民和投入环境成本的矿产资源城市。可依据主体间的权利义务关系分为公共主体和市场主体，即执行社会公共职能的公共主体和直接与生态资源产生关系的市场主体。公共主体通过市场主体实现生态补偿的目的,如提高市场主体的生态环保意识以约束其行为。

（二）确定生态补偿的范围

确定生态补偿的范围应该综合考虑哪些因素,这是当前法学界在界定生态补偿时争议较大的方面。根据"受益者付费、受损者受偿"的原则可以分为这四点:一是直接对生态损害的补偿,即对矿区生态环境综合整治;二是对积极投入矿区生态环境保护因此付出代价,即保护成本的补偿;三是影响到受损方的环境生存权益,或者因生态环境受到破坏而丧失了发展机会的补偿;四是对为增进环境保护意识、提高环境保护水平而进行的教育、科研费用的支出。

（三）确定生态补偿的方式

我国政府文件中确立了税收返还、财产转移支付、征收费用、市场交易、设立基金等生态补偿方式。这些方式可谓是"输血式"和"造血式"之间的密切结合,前者给予资金和物质的补偿,后者给予政策扶持、项目投入以及技术支持等。相比前者, "造血式"补偿更具有长远性,尤其适合资源枯竭型城市建立生态补偿机制的长久发展。综上所述,对于生态补偿机制的界定,应从生态补偿的主体、范围、方式等方面作答。生态补偿机制要考虑生态保护成本、发展机会成本和生态服务价值。生态补偿机制是为了保护、修复生态系统的服务功能、保护生态环境和促进可持续发展,结合行政和市场手段,调整如保护者、受损者、破坏者和受益者的利益分配关系,是一种体现环境和经济政策的法律制度。

在环境保护工作中,企业经常作为被动接受的主体。行政强制措施、环境税费政策、环境监察等,都是政府通过主动的行动,促进企业采取相关环境保护措施,企业本身缺乏改善环境的积极性。生态补偿机制为矿产资源行业的环境保护工作提供了新的思路。建立矿产资源生态补偿机制,是提高矿产企业环境保护积极性,促进自然资源管理行业机制改革的重要手段。

生态补偿机制是一个以生态产品为中心的体系,涵盖生态环境责任主体、生态补偿标准、生态补偿途径和方式等多个部分和环节。针对不同种类矿山,也需要设计不同形式的生态补偿机制。矿产资源开发是以资源环境消耗为主,以环境损害为代价生产副产品,在建立生态产品交易体系中,是以环境损害配额为标的物的。以矿产资源对环境损害量化评估为基础,需要建立矿产资源生态保护补偿标准体系、绩效评估体系、统计指标体系,尤其是针对不同矿种,不同污染物类型等区域异质性问题,探索建立一个统一的自然资源开发生态补偿标准核算体系,是建立矿产资源生态补偿机制的关键。基于此，建立矿产资源生态补偿机制需要从以下四个方面入手。

第一，自然资源开发的环境影响评估体系。编制环境影响系数表，在不同矿种、不同区域、不同地质环境下，对矿产资源开发造成的环境影响进行统一的量化评估，做成可交易的市场标的物。

第二，总量控制，配额交易制度。根据区域矿产资源发展规划和生态环境保护规划，确定年度矿产资源开采行业可排放的污染物总量。在此基础上，按照一定的政策原则，向各矿山派发相应的污染物排放配额。区域污染物年排放量总量不变，配额可进行交易。

第三，自然资源环境损害配额市场建设。建立区域自然资源开发环境损害的配额交易市场，鼓励污染物配额在企业间的流通，将污染物排放的社会成本内化为企业内部成本。通过建立污染物市场交易机制，为行业管理部门提供了更具有灵活性的政策手段。

第四，国家生态脆弱区矿产资源生态补偿机制。统筹考虑国家生态脆弱区一般矿产资源生产退出补偿和战略性矿产生态补偿机制。建立一般矿产退出机制，将矿产资源开采退出与区域扶贫和经济发展相结合，多元化生态补偿机制。建立生态脆弱区战略性关键矿产生态补偿机制，在保证战略性关键矿产供给的前提，通过价格机制，激励企业采取节约集约利用方式。

二、完善环境治理立法

传统的以污染控制和预防为主的环境立法在环境保护话语体系中占据了主导地位，导致环境法律体系中普遍存在环境污染和生态破坏型与预防型的法律和制度设计，而生态修复型立法的根基薄弱。应从矿区环境治理制度的现状出发，借鉴国外矿区环境治理的成功经验，加快相关立法工作的进程，建立符合我国国情的矿区环境治理法律体系。

（一）制定环境治理的专门法

矿区环境治理问题涉及多种环境要素和多部法律法规，在管理上涉及多个部门，为保障矿区环境治理工作的有效开展，建议制定矿区环境治理的专门法。一要明确立法目的。在专门法律中，既要明确可持续经济和生态环境的立法目的，有效规范环境治理主体的环境治理行为，又要明确划分各级人民政府、各类环境工作部门和环境部门相关工作人员的环境治理主体的责任和义务，促进形成有效的环境运行机制治理。二要明确立法原则。明确环境治理专门法的立法原则，以可持续发展为基本原则，在矿区开发的各个阶段进行有效的监督和管理，坚持信息公开、环境执法、推进社会和公众的监督。

（二）在环境法律中加入环境治理内容

针对当前矿区环境治理法律法规分散、级别不高、效力不强等现象，建议整合与资源开发和环境治理有关的法律法规，对其进行修改完善，加入针对环境治理的专项规定，明确要求各级政府必须制定科学合理的方案和治理计划，厘清各级政府和环境职能部门的环境治理职能，有效落实生态环境治理制度，确保矿区环境治理工作有法可依。针对环境监督管理涉及多个部门，存在各部门之间职能交叉或空白现象，建议规范行政规章，在行政规章中明确各个部门的环境职能和工作分工，避免因分工不明确而造成推诿扯皮和管理不力的问题。

三、加强矿山生态修复

（一）完善生态修复基金制度

1. 完善矿山生态修复基金制度

生态修复本身是一个长期艰难的工作，需要大量的资金投入。这使得矿山企业需要面临着较为沉重的经济压力，进而使矿山企业缺乏主动进行生态修复的意识。存款制度是迫使矿山企业存款，保障拥有足够的维修资金的重要手段。但是，目前矿山生态恢复体系缺乏统一指导，地方性法规不合理，管理混乱。因此，我国应当从法律层面对生态修复基金制度相关问题进行统一的规划，综合考虑矿区需要进行生态修复的情况，来确定矿山生态修复基金数额，并可以考虑矿山企业采用非现金担保形式减少生态修复基金数额的缴存，这样既可以减轻矿山企业进行生态修复的资金压力，也可以保证矿山企业在履行生态修复义务的过程当中不影响正常的生产。对于生态修复资金的使用要确保专款专用。

2. 增加国家对矿山生态恢复的财政支持

矿区生态恢复过程是艰难而持久的，需要大量的资金和先进的技术。通常，作为恢复责任的主体，企业承担恢复成本。但是许多企业不愿在经济负担下进行生态恢复。同时，矿山企业开采区的恢复是社会的，其结果有益于全人类及其后代。

目前我国很重视节能环保，在节能环保方面有较多的资金投入。因此，国家可以在生态修复方面给予一定的资金支持，还可以通过税收减免等方式间接的为生态修复提供支持。使用国家资金参与到生态修复的活动当中可以提高矿山企业履行生态修复义务的积极性与主动性，在后期生态修复能够取得利益时，国家与矿山企业也可以做到互利共赢。

（二）因地制宜，采取不同修复手段

1. 水污染问题采用水资源保护与水污染防护措施解决

水资源保护与水污染防护主要包含地表水与地下水资源保护、生产废水治理与利用、生活废水治理与利用以及污染水体治理与修复率等内容。

地表水与地下水资源保护是指矿山开采后，采取多种措施来降低对当地水资源的破坏程度。主要措施包括：截流减源、废水处理后再利用、改进生产技术水平降低污水产出等。生产废水治理与利用是指在矿山开采的一系列过程中所产生的对于生产无用的废水，采用多种物理或化学手段，使其变废为宝，达到可以再利用的目的。污染水体治理与修复指的是当所在矿区地下水受到采矿污染时，采矿相关单位需要采取一定措施来改善这种水污染现象，主要的处理措施涉及以下多种，如清理河道垃圾、加强水源地区的绿化建设、修建河堤来降低泥沙等进入、对一些采矿垃圾进行分类降解等。

2. 大气污染问题采用大气污染防治措施解决

大气污染防治主要包含生产过程大气污染防治、运输过程大气污染防治以及生活区大气污染防治等内容。

生产过程大气污染是煤炭在生产过程中，由于空气的流动作用，使得粉尘从物料中分离，从而污染局部环境，储煤场内各种机械设备上的尘土在工人活动及气流的作用下，散发到空气中，会对空气造成再次污染，即二次扬尘。运输过程大气污染是煤炭在生产完成后在装卸、运输的环节中，产生大量的空气污染物。生活区大气污染是矿区污染的主要来源之一，包含锅炉燃烧造成的有害气体和粉尘。

3. 固体废物污染问题采用固体废物污染防治措施解决

固体废物污染防治主要包含排土场污染防治、尾矿场污染防治、矸石山污染防治、其他工业场地污染防治以及固体废物资源化利用等内容。

排土场污染防治，排土场指矿山剥离以及一些采矿废弃物集中放置的地方，包含内、外排土场。尾矿场污染防治，尾矿场顾名思义是用来储存尾矿的场所，一般有堤坝拦截谷口或围墙围住。矸石山污染防治主要是在尽量降低对矿区水土、

空气污染的前提下，充分利用煤矸石。煤矸石的用途一般是填充道路、生产建筑材料等。其他工业场地污染主要包括两种，即锅炉房产生的煤渣污染以及生活区产生的生活垃圾污染。锅炉渣是煤炭生产过程中最常见的废弃物，对于环境污染是相当严重的，处理措施主要有两种：一是运输到指定地点进行统一处理，还有一种是与煤矸石处理方式类似进行道路填充的方式。固体废物资源化利用是通过相关工业手段，使得煤炭生产过程中所产生的一些无用的固体垃圾进行循环再利用，从而节约成本、降低环境污染程度。煤炭生产过程中主要的固体垃圾是锅炉渣、生活垃圾以及煤矸石等。

4. 噪声污染问题可以采用噪声与振动控制措施解决

噪声与振动控制主要包括三大类，即矿山开采设备工作及运输时交通工具产生的噪声污染、采矿过程中爆破声产生高强度的噪声污染。可从降低噪声源、切断噪声传播途径、对噪声接受者进行防护等方面采取相应措施，来最大程度降低以上采矿过程中产生的噪声污染对周围人居环境的影响。

5. 植被景观问题采用植被及景观恢复措施解决

植被及景观恢复主要包括景观恢复、露天采矿场植被恢复、生物多样性保护等内容。

景观恢复指矿方施工者采取相应的措施来挽救、恢复由于开采矿物给周围环境带来的损害。这些挽救措施包括：矿物废弃地的生态改建、专用道路的绿化建设、矸石场生态保护性建设等。露天采矿场植被恢复是采取相应的措施，使得原先拥有植被的露天采矿场重新恢复生态稳定。这些露天采矿场一般包含排土场、尾矿场，前者的植被恢复一般是在岩石排土结束后进行植被填充。生物多样性保护涉及物种类型多样性、景观多样性、基因多态性以及生态系统多样性。生物多样性的保护方法有四种：一是原地保护；二是转移地点保护；三是加强宣传教育，提高生物多样性保护意识；四是制定相关政策法规进行约束，促进生物多样性的科学探索。

6. 土壤生态问题采用土地复垦与土壤污染防治措施解决

矿山土地复垦与土壤污染防治主要包括矿山土地复垦、污染场地治理与恢复及污染农田治理与恢复等内容。

矿山土地复垦主要指由于开采矿物导致的矿山地区出现塌陷、裂缝，对这些地方采取相应的措施来改善生态环境。污染场地的治理与恢复应着重切断污染源的进一步传播，阻止污染物进一步传播，从而恢复污染地的生态稳定。污染物传播途径的切断主要是针对污土、污泥、废弃液体及固体等。污染农田治理与恢复的措施基本上和污染场地的生态环境恢复措施大同小异，不同的是污染农田的生态恢复后需要验收且达标，然后再交还给农民进行春耕秋收。

7. 水土生态问题采用水土流失控制措施解决

水土流失控制主要是针对一些适合植被生长的区域进行绿化建设，防止水土流失，这些适合植被生长的区域统称为宜林地，主要包括：火烧迹地、少量林木生长的荒地空地、采伐迹地等。由于矿山开采，导致土地贫瘠，大片人工裸地出现，宜林地绿化在一定程度上可以防止水土流失，它的蓄水作用体现在可以将短期内大量出现的雨水储存起来，然后再经过缓慢的渗透作用将雨水均匀分布在整个植被覆盖的土地上。通过这种短暂的储存、再分布作用，可以高效的起到蓄水作用。

8. 地质生态问题采用地质环境保护与恢复治理措施解决

地质环境保护与恢复治理指在矿山开采过程中对周围生态环境的保护以及矿山开采结束服务期限截止后对一些地质灾害预防所采取的相应办法，主要措施涉及地质灾害的防治、人文景观的保护与补救、地下含水层的保护。矿山开采后的地质灾害一般包括山体滑坡崩塌、地面凹陷、地缝形成、泥石流等。

（三）加强修复管理

生态修复用地也存在一些问题，比如，对于矿山企业使用到期的土地没有按时完成复垦任务，无法将土地交还农民用于生产使用。针对这一问题，一方面可以对采矿临时用地制度进行改革，灵活设定复垦期限，还可以根据矿山存续期间来设定期限。据了解，矿山是因为地质构造变化而产生的，矿山因储量可以存续多年，如果等到矿山灭失再将土地归还使用人的话，显然意义不大。我们可以向土地管理机关申请征收或承包该区块土地用于矿区生产，这样也延长了矿山生态修复的时间，为将土地使用权还给农民做好准备。

另一方面，为了督促矿山企业按时完成生态修复任务，可以考虑改革土地使用制度等，使耕地面积保持动态平衡，可以通过同地归还、异地归还、等面积置换等方式来进行。通过这些方式可以把矿区已经完成生态修复的部分土地归还原土地使用人，等剩余部分全部完成生态修复后再将整个地块归还原土地使用权人，当然，如果不能按时完成生态修复，需要给予农民一定的经济补偿。此外，也可以考虑变更生态修复用地的类型，作为生态修复的新尝试，这样就可以不受用地期限的限制，很大程度缓解用地困难的局面。

四、健全政府监督机制

从现有矿区环境治理政府环境责任的法律法规来看，大多是对政府作为责任主体的义务性规定。这些规定是政府行使环境管理权，履行环境治理职能的依据，但这些规定较为概括和模糊，缺乏对政府不履行职责的不利后果的全面规定，政务不公开、公众知情权得不到保障，对政府缺乏有效的监督机制。因此，要通过立法、司法、社会监督等方式完善对政府管理体制的内部监督和外部监督，形成完善的监督机制促进政府环境责任的落实。

（一）强化内部监督

一要加强司法监督。环境的司法监督主要是指通过诉讼和审判来对环境工作进行有效的监督，具体表现为：由人民检察院、社会公益团体以及受到环境侵权的个人对环境工作提起诉讼，政府在环境诉讼中积极应诉，依法接受调查、审判和执行。通过环境司法监督，不仅可以增强政府的环境意识和能力，更能充分监督政府的环境治理与保护职责。二要加强行政监督。行政机关的上级享有命令、指挥和监督等权力，有权对下级机关违法或不当行为予以改变或撤销，行政机关的下级须服从和执行上级行政机关的决定、命令。在环境工作中，上级行政机关有权听取工作报告，查阅有关资料，对下级行政机关的工作做出判断，进行监督和指导。因此，建议进一步加强行政机关的上级监督，推进各级政府提高环境治理效率，有效履行环境职责。三要加强权力监督。在我国，地方各级人民代表大会由人民选举产生，受人民监督，同时，各级人民代表大会代表人民行使国家各种权力，是地方国家权力的机关，地方政府履行环境责任的监督是最高级别的。地方各级人民代表大会的监督主要通过听取、审查、批准各项工作报告，通过检查、审查、调查专项工作进行。扩大地方各级人大监督的渠道和内容，将地方政府的环境监督纳入监督范围，实现环境的有效监督工作。

（二）推进外部监督

一要推进公众监督。公众是环境工作的最直接参与者，也是环境工作的最直接受益人。他们对环境工作更为敏感，能够及时、自觉地对环境问题进行监督。政府的权力来自人民，应该充分听取人民的意见，对公众负责，接受公众监督。公众能够及时准确地感知环境危害，公众的分散性使得其监督能够对环境工作产生最广大的监督范围。当前，虽然我国在相关法律规定中对公众监督做出了相应的规定，但公众监督的实际效果并不明显，为此，应进一步推进公众监督体制建设，拓宽公众监督渠道，加大信息公开力度，对如实反映环境问题的公众进行奖励，反之，谎报、虚报环境问题将受到惩罚。

二要推进社会监督。社会组织是公共关系的主体，是人们为了有效实现具体目标而建立的共同活动集体。社会组织相比于公众对政府环境工作进行监督具有突出的优势，主要表现为社会组织作为活动集体，其行为更具理性，更能够客观准确地反映现实情况，更容易发挥对政府的监督作用。社会组织是公众的集合，更能够对环境问题形成深刻的认识和理解，对政府的监督也更有效。因此，在政策和资金方面，要倾斜和支持环境保护的社会组织，促进社会组织向专业化、规模化、规范化发展，逐步扩大环境组织的社会影响，使其在良性监督地方政府环境法律责任方面发挥更有效的作用。

三要创新媒体监督。在科学技术迅猛发展的今天，新方式、新手段在各项工作中发挥了重要的作用。媒体传播相比于传统传播模式的优点：公众可以不受时间和空间的限制，在媒体平台上充分表达诉求，这种表达途径成本低、效果好，应充分利用媒体监督的优势，发挥其对政府环境治理工作中的作用，实行有力的监督。媒体监督也有其弱点和缺陷：在媒体上可以畅所欲言，可以不受事实和思考的限制随意表达自己的想法，恶性和虚假言论容易造成社会的恐慌，扰乱社会秩序。因此，在利用媒体进行监督的时候，要在充分发挥其优势的基础上，对其监督作用进行有效的规制，以充分有效的发挥媒体渠道对政府环境工作的监督作用。

第三节　矿山环境保护的管理与监测

一、矿山环境保护的管理

（一）矿业环境管理的概念

根据学术界对环境管理的认识，环境管理可概括为：依据国家的环境政策、法规、标准，以实现国家的可持续发展战略为根本目标，从综合决策入手，运用技术、经济、法律、行政、教育和科学技术等手段，对人类损害环境质量的活动施加影响，限制人类损害环境质量、破坏自然资源的行为，通过全面规划，协调社会经济发展与环境保护的关系，达到发展经济既满足人类的基本需要，又不越过环境的容许极限。

对于矿山环境管理来说，是运用法律、经济、技术、行政、教育等手段，限制矿产勘察、开发与采选对周围环境要素产生的破坏和污染，使矿业发展与环境相协调，达到既要为经济发展提供矿产资源保障，又不超出矿山环境容量的目的。矿山环境保护从本质上讲就是保证自然资源的合理开发和在生产过程中避免资源浪费、防止资源破坏和环境污染。

（二）矿业环境管理的措施

1. 加大环境风险源的管理

为了矿山的生态环境安全得到有效的保障，那么就一定要加大环境风险源的管理力度。在项目建设和开采过程中，一定要按照有关的法律法规，严格地执行"三同时"制度，构建监督管理制度以及法律责任追究制度。例如，2019年山西华晋焦煤有限责任公司以中央和地方生态环境保护督察工作为契机，不断健全环保督察检查常态长效机制，持续深入开展环保督察检查，狠抓隐患整改。根据《华晋焦煤有限责任公司安全生产动态检查实施办法》《华晋焦煤有限责任公司管理人员下井规定》等文件有关要求，坚持开展干部下井现场查隐患和环保动态检查，对发现的各类环境污染隐患严格执行"五定五落实"制度。对隐患问题的整改情况全部进行复检，验收合格后履行签字销号程序。通过动态检查和隐患问题整改销号的闭合管理模式，将环境污染隐患消灭在萌芽状态，有效杜绝了环境污染事故的发生，实现了环境安全的目标。

2. 进行现场检查监督

有效的检查与监督工作能提高企业环境管理工作成效。矿山企业的检查、监督工作应包括：企业贯彻执行国家环境保护相关方针、政策、法令、条例、标准的情况，文明生产、矿区的绿化情况，"三废"净化设备的运转及排放情况，执行环境保护岗位责任制情况等。监督和考评是矿山企业检查、监督的两种主要方式，矿山企业安环部门的环境监测站是参与企业环境管理的专门机构之一，监测站既要经常监测矿区内与矿区外的环境质量，还要监测矿区各个生产环节执行有关规定、标准、职责的情况，为矿山企业环境管理提供依据。矿山企业经营管理的另一项重要手段是考评，其做法是规定车间、工段、班组环境管理岗位的责任，下达数量指标，设立环保竞赛专款，落实奖罚兑现。

3. 建立健全的奖罚制度

为了更好地推动矿山环境综合治理，亟须构建相对稳定的保障制度，完善相应的奖罚制度，有效地改善矿区环境质量。同时，还应该以矿业权人投资的主体，让更多的单位和个人参与其中，通过多方面、多渠道的融资方式，提高矿山环境保护与治理的资金支持。除此以外，将矿山的环境保护与采矿企业领导人员的绩效挂钩，持续跟踪环保目标和重点环保工作完成情况，月底严格考核兑现。通过实行契约化管理目标考核，有效地促进了各单位环保主体责任的落实，不断地加强各个单位环保主体的意识。

二、矿山环境保护的监测

（一）环境监测的概念

环境监测的主要工作职能就是利用高新科技监测技术对规定范围内的自然环境进行检测与监控，及时发现其中存在的有害因子，并且能够实现不同区域环境监测结果的整合与处理，了解整体环境污染程度，为具体的环境保护方案设计提供准确的数据支撑。从宏观方面来看，环境监测将从物理、化学、生物等多个层面对环境进行研究，并且能够根据实际污染情况以及具体数据实现对环境发展趋势的预测，为政府环境保护工作的开展提供依据。根据环境监测的结果，工作人员还将分析得到导致环境污染的原因，采取针对性解决措施，落实环境保护，制止其中的违法行为，扫除环保工程中的障碍。从微观方面来看，环境监测工作将会对环境污染物的成分与特性进行检测，深入分析污染物产生的原因、污染范围以及危害程度，如实记录以上数据与信息，为之后可能出现的污染仲裁提供证据，加强环保工作的执行力度。

（二）矿山环境监测内容的确定

以国家生态保护政策与法规、矿山生态修复政策、矿山地质环境保护与土地复垦方案、土壤环境质量标准、水环境质量标准等为参考，在征集生态保护、生态修复相关主管部门、行业专家意见的基础上，确定矿山生态修复监测的基本内容为水环境、土壤环境、地表环境、地质环境、生态修复综合效益五个方面。

第一，水环境。矿山水环境的监测内容为地表水和地下水水质。在矿山开采过程中，以采矿井涌水为主的采矿废水、生活污水和废石堆淋滤水的排放，对地下水及周边地表水体、水质的影响最为明显。

第二，土壤环境。土壤理化性状恢复和重建是矿山环境保护的重要内容。土壤的土层厚度、有机质含量、酸碱度、氮磷钾含量、重金属含量等理化性质在矿山开采过程中发生变化，并随着矿山开采和修复治理的过程不断改变。因此，土壤环境的监测选择土层厚度、有机质含量、酸碱度、氮磷钾含量、重金属含量等内容。

第三，地表环境。地表环境主要监测地表覆盖的变化，根据地理国情监测对地表覆盖的分类可以满足监测需求，分类主要是种植土地、林草覆盖地、房屋建筑用地、铁路和道路用地、构筑物用地、人工堆掘地、荒漠与裸露地、水域等，在地表覆盖分类的基础上形成监测指标，即植被覆盖度和生境质量指数。

第四，地质环境。矿山开发对地质环境的影响主要是地面沉降、地质灾害、地下水含水层的破坏。对生态修复区的沉降范围、速率、地下水水位变化量等进行监测，在一定程度上可反映地质环境的变化。

第五，生态修复综合效益。生态修复综合效益涵盖社会、经济和环境等综合效益，包括农作物产能、路网密度、土地复垦等内容。

（三）环境监测的意义

自然环境是保障人类生存的重要基础，如果环境质量存在问题，那么人类就面临着严重的生存危机。环境污染不仅会给人类身体健康造成影响，还会危及人类的生存与发展。环境监测的主要目的是监测环境质量变化，在监测过程中，监测人员运用化学、生物、物理与公共卫生等学科知识，对环境污染物进行分析和控制，可以有效防范环境污染问题的发生和扩大，进而充分保障生态系统的良好运转。当前，环境污染问题越来越严重，人类活动对环境质量造成了很大的影响。例如，大气污染问题，一些污染物进入到人体中，对人类生命健康造成了很大的危害。大气中二氧化硫含量不断增加，而二氧化硫有着较强的腐蚀性，会增加人类呼吸道损伤的风险；二氧化硫达到一定浓度后，与空气水分子相结合，形成的酸雨还会给环境造成严重的破坏。因此，一定要重视环境监测工作，及时掌握环境污染情况，了解环境质量变化情况，分析环境监测结果中的异常数据，并进行一定的测试，进一步判断环境污染范围，进而采取相应的治理措施，才能减少环境污染问题。

（四）矿山环境监测的方法

1.遥感影像识别技术

面对大范围遥感影像的智能识别需求，通过构建大量的样本数据，充分对特定地物进行样本标注、模型训练、模型发布等处理后，生成高品质海量数据集和高精度深度学习模型，实现对特定地物的场景识别、目标检测及地物分类和变化检测等不同功能，从而支撑土地督察、执法监察、土地管理、自然资源调查等工作的动态监测和风险评估。

（1）遥感数据及预处理

研究区冬季植被覆盖率低及降水较少，导致遥感影像地物颜色接近且亮度较灰暗，对于地物识别和分类的准确度不高。夏季遥感影像薄云和烟雾较多，难以有效地识别影像地物。

（2）样本选择及标注

经过实地调查后，综合考虑研究区的地表要素，包括植被、砂石、裸地、建筑物及水系等内容后，对于研究内容进行样本标记工作。其中训练样本的精度和数量将直接影响遥感识别的速度和准确度。

（3）模型训练及发布

根据训练样本数据的特征及数量，构建主要地物识别的模型。对于光谱特征差异较大的地物，通过决策树分类器进行精准分类以便区分地物类别，实现初步筛查的作用。对于光谱特征较为接近的地物，采用最近邻分类器区分地物不同细节的类别，实现精细筛查的作用。

2. 无人机倾斜摄影建模技术

无人机最早起源于 20 世纪 20 年代，当时无人机主要被用于军事领域。随着计算机、通信、传感器等系列传感器的发展进步，无人机的续航时间、拍摄精度等性能不断提升，无人机逐渐被应用于各行各业之中。通过倾斜摄影技术拍摄的图像带有空间位置信息，可以较真实地反映拍摄地区相关的地理属性，能同时输出 DSM、DLG 等格式数据。无人机倾斜摄影采集的图像可用于构建拍摄地区的三维模型，Here Map 已经发布了国外如柏林等城市的高分辨率三维城市模型。如今我国的部分一线城市也已经开始基于无人机倾斜摄影技术对城市进行三维建模，构建的模型可广泛应用于城市可视化管理、城市未来规划等方面。

倾斜摄影技术的数据后处理是该技术走向应用的关键步骤，相关无人机倾斜摄影的三维建模软件有很多，例如，常用的 Agisoft Photo Scan 等都可以自动化地实现对拍摄对象的三维建模。目前软件系统主流的空三分布式计算机制极大地提升了计算效率，拥有处理大量倾斜摄影数据的能力。导入数据后，软件会按照图像之间的空间关系对所有图像自动进行对齐、密集点云匹配、点云数据融合、生成纹理等步骤，最终实现三维模型的自动构建。

虽然无人机倾斜摄影技术拥有很多优势，但在现实应用中模型的结果往往会受到自身参数和采集时的地理环境影响。采集阶段出现低质量数据会导致在三维建模的原始数据就存在错误，进而影响后续建模过程。为更好地在倾斜摄影中规避这些问题，有相关研究将采集中存在的主要问题进行了总结，具体原因如下：

第一，由于气流引起的无人机拍摄位姿变化颠簸，导致无人机倾斜摄影技术采集的影响存在空间扭曲畸变，进而可能会导致在最终建模时三维模型出现凹凸不平或破洞现象。

第二，由于大气环境中存在环境噪声或存在光线影响导致模型出现纹理不均匀或者凹凸破洞的现象。

第三，由于拍摄过程中存在像主点落水会导致影像部分缺失现象，后续模型可能存在部分区域模糊现象。

第四，由于相机拍摄图像的分辨率不足或者无人机移动速度过快使得拍摄图像模糊，这会影响构建模型的边缘平滑性。

导致最终三维模型出现缺陷的问题有很多，这些问题也是目前运用无人机倾斜摄影技术建模必须面对的。虽然存在一些问题，但从整体分析运用无人机倾斜摄影技术对局部区域进行建模还是利大于弊。

3. 数据安全控制技术

对采集的数据进行权限控制，能够有效地进行事前防控、从源头上阻止数据的非法盗用，对于数据的安全与管理具有重要作用。

（1）数据加密、解密技术

数据加密是对原来为明文的文件或数据进行加密算法处理，使其成为不可读取的一段代码，即"密文"。数据解密是通过相应的算法和密钥对密文进行解密处理，将密文解密成明文文件。加密、解密算法为非对称加密算法，该方法会生成一组钥匙对，公钥和私钥是成对出现的，通常公钥用于加密数据，私钥用于解密数据。

（2）访问控制技术

访问控制是对多种格式数据进行访问控制，严格控制数据的使用期限、平台和权限等，在数据使用到期后自动失效，实现地质资料全生命周期的主动控制，防止数据的泄密和非法传播，保护数据安全。

4. 图像降噪处理技术

图像噪声源于采集图像过程中的各种因素，往往会对图像的质量造成一定损伤。在对图像进一步处理前，通过图像降噪能够有效地提高图像自身质量和后期处理效率。目前国内外学者已经针对不同的噪声信息研究出了对应的降噪处理方法。目前被广泛应用于图像降噪处理的方法有两类，即基于像素的特征滤波法和基于变化的特征降噪法。前者的代表为均值高斯滤波系列，后者则以傅里叶变化小波变化为主。

（1）基于像素的特征滤波法

该类方法的主要思想是通过以滤波窗口对中心点的像素及周边像素值进行分析，进而重新计算出中心点的像素值。在基于像素的特征滤波法方面有以下几种方法被广泛应用。

①均值与高斯滤波算法。算术均值滤波是最简单、最常用的一种空域像素特征去噪算法，其算法核心思想是用中心像素点周围领域的平均灰度值来作为新的中心点像素值。均值滤波算法主要被用于消除数字图像中的非注意力细节，特指小于滤波器的局部像素区块。除此之外，高斯滤波算法也通常用于消除细节噪声，其核心就是基于相对距离通过高斯矩阵对邻域内像素点的权值进行动态调整，其权重大小与相对距离成反比。

②双边滤波算法。双边滤波是一种不需要通过迭代运算，且只对图像中局部像素点进行处理的简单降噪算法，该算法的基本原理是通过对空域信息以及图像像素点灰度值之间的关系进行协同考虑而进行非线性滤波，从而达到保护图像边缘信息目的的降噪算法。

③引导滤波算法。引导滤波算法与传统的双边滤波算法近似，同样拥有保持边缘细节的特性。但相对而言，引导滤波算法的时间复杂度较低，设计了一种快速滤波器。该模型中的函数和邻近区域能表现出线性关联，进而该函数可以使用很多线性关系替代。当需要计算函数中一点数值时，只需计算其替代的函数值即可得出。

④迭代引导滤波算法。迭代引导滤波算法并非建立在引导滤波算法之上，而是直接在双边滤波上进行的改进升级。迭代引导滤波算法能够消除图像中复杂的小区域，还能保证大区域物体边界的准确性。迭代引导滤波算法的公式是借鉴双边滤波算法提出的。

（2）基于变化的特征降噪法

基于变化的特征降噪法会将图像中的相关计算转换到目标空间中，之后根据频率将噪声进行分类，实现分离噪声的目的。相关研究如下。

①傅里叶去噪算法。傅里叶去噪算法是一种基于非自适应变换的去噪算法，其核心是通过傅里叶变化将图像信息转化为频域信息，并通过对噪声数据的分析

得出频谱分布。之后对频谱分布进行研究和计算，最终确定噪声分布的不同。针对性设计一个高频滤波器，达到图像滤波的效果。该算法的参数设置非常关键，不同参数的滤波器会直接影响图像的质量，若参数选择错误极有可能会导致图像失真。

②小波变化去噪算法。小波变化去噪算法被广泛地应用于各类图像的降噪处理。这种方法能够保留大部分包含图像信号的小波系数，相对于傅里叶变化来说，小波变化去噪算法能够保留更多图像边缘等细节信息。其流程可分为三步，首先对数字图像进行小波分解操作，值周通过分解得到的频谱参数进行阈值定量计算，最终通过平面小波信息重组图像信息。目前基于小波变化的去噪算法已经被相关学者进行了充分的研究，并被广泛地应用于各类数据中去噪。

5.遥感数据保密技术

无人机采集的遥感影像数据作为矿山生态环境调查与监测的重要数据资源，同时也是后续遥感影像智能识别的基础数据来源。因此，为保障数据的安全性，需要对遥感数据进行保密处理，包括对属性要素和位置精度两个方面的保密处理工作。

（1）划分规则格网单元

该格网单元的大小需要依据待保密区域的范围，同时考虑保密的精度和计算量等两个因素。若单元格网间距较大，则数据保密的精度较低；若单元格网间距较小，则数据保密的计算量太大，影响解算速度。

（2）规则格网单元四角偏移

将规则格网单元四个角的节点进行坐标偏移，使得各个节点坐标符合最低脱密要求。四个角节点坐标的偏移量需充分考虑待脱密地理空间数据的保密精度和时间要求（如1∶500比例尺，平面和山地的精度为0.3米和0.4米）。在精度范围内设定坐标偏移量的随机区间，在待保密区域内对每个规则格网的四个角节点坐标进行随机偏移。

第三章　矿山生态修复的基本理论构建

矿山开采过程中对水文地质、生态环境等方面的破坏，以及所造成的地质灾害等问题，在短时间内很难通过自然的力量，恢复到良好的生态系统状态。要想快速实现矿山灾害生态恢复，就必须进行人为干预，采用科学、针对性的方法，做好矿山地质灾害生态恢复工程。本章分为矿山生态的界定、矿山生态的理论基础、矿山生态修复面临的主要问题三部分。

第一节　矿山生态的界定

一、生态修复的相关概述

（一）生态

生态是指生物圈（动物、植物和微生物等）及其周围环境系统的总称。生态系统是一个复杂的系统，由大量的物种或要素构成，直接或间接地连接在一起，形成一个复杂的生态网络。这里的复杂是指生态系统结构和功能的多样性、自组织性及有序性。

值得一提的是，生态并不是现代文明所创造出来的词汇，而是早早地就出现于我国南北朝时期，《筝赋》中说："丹荑成叶，翠阴如黛。佳人采掇，动容生态。""生态"意指展现美好姿态或令人赏心悦目。同时，现在学界还存在另一种较为普遍的看法，即指古希腊文中的生态，意思是我们所居住的房子、家、环境等。现在多以生物学的概念出现在世人眼前。"生"代表的是世间一切有生命的存在，即动植物、微生物和人类。"态"形容存在生命体的外在表象，包括状态和形态等。一言以概之，生态就是指世间万物，尤指生物的一种生存状态，意指一种密切的关系，这一关系包含自然界所有的生物。每一个具有生命的存在物，都会与其同类和其外部环境所产生某一种联系进行能量流动，我们称之为物质变换。在这个过程中，物质流动穿过每一个生物体，其间不同种类的生命因子与之交融构成多种生态关系。随着社会的不断发展"生态"逐渐被高度重视，也被越来越多地运用于各种理论研究和实践领域。从社会历史发展和实践唯物主义的角度，将人类的本质融入"生态"当中成为实践活动对象化的内容和结果。"生态"可以是一种客观存在的物质即自然；也可以是一种自然、社会、人之间的关系，三者之间不断变化，互相影响。若是落脚点在"关系"层面上，那么"生态"一词更加强调的是整个生态圈的系统性、所有的生命体之间的整体性以及生物的有机性。

（二）生态修复

生态修复一直是国内学者的研究重点，如图 3-1 所示。对生态修复的理论研究和实践可以追溯到 19 世纪 30 年代，生态修复只是作为生态学的一个分支被研究，其内涵尚未被完全理解。

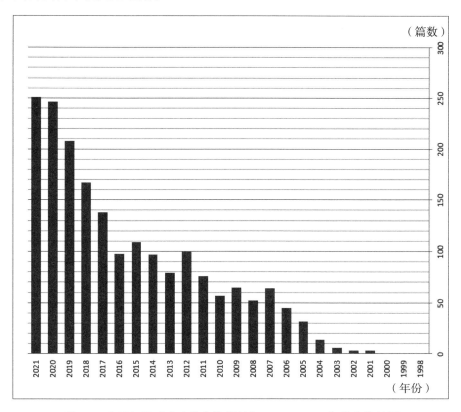

图 3-1　中国知网"生态修复"关键词 1998—2021 年论文篇数图

生态修复就是通过一定的方法修复受损环境，即通过自然的调节与组织能力，再辅以人为干预，使生态系统逐步向良性循环恢复。研究重点集中于那些因自然突变和人为因素而引起的自然生态系统的恢复与重建，是对整个生态系统的恢复与治理的系统的探讨。现在"恢复"是一个概括性词，一般具有复原、改造、重建等含义，泛指对已经破坏的生态体系进行改造和重建，以重新利用并还原生物原本的潜力。

总而言之，生态修复可以概括为在生态学理论的指导下，通过人工协助的优化技术等措施，帮助或加速场地生态系统平衡、有机、健康、可持续发展的恢复行为，包括土地的植被、土壤、水体和动植物的修复和调整，对场地进行科学的合理的重建、改造、维护等，减少对自然的干扰，减轻对场地生态系统的压力，将消极的生态系统修复为积极的生态系统。需要注意的是，我们所指的生态修复并不是使其恢复到受损之前的状态，而是通过人工干预使场地生态实现良性循环，让其能够自我调节、修复和可持续发展，同时赋予其多元的教育、娱乐等功能。

（三）生态文明

人们向往生态文明是一种迫切的需求。研究发现，"生态文明"最早是由西方人提出，不过西方学者多在意资本和制度等理论，对于该词的研究甚少。1987年，我国的叶谦吉先生率先在国内发表关于生态文明的言论。理解生态文明，只需要把握住一个关键点就是和谐统一，正是这样的关系才使得人类与自然相互获利，在改造自然的同时又保护自然。

生态文明是一个集人类价值、文明属性和实践特征于一体的综合性话题。狭义的生态文明，重点落在生态圈内人类该如何与大自然和睦处之，经过千年的探索人类终于摸索出一条正确的道路。人类应以尊重自然的态度和遵循自然规律的处事方法为主线，合理地开发利用自然界的一切资源，与大自然平等、和谐、友好地共存以期拥有更好的力量去保护和治理生态环境。广义的生态文明，范围更广、指向更多，意指人类的物质、精神、制度、文化的综合体，带有积极意识形态色彩的同时致力于可持续发展。人类的自觉之心、自律之志若是可以应用于人与自然的关系之上，二者便能共存共荣。生态文明作为一种新型的文明形态，带有历史的烙印和时代的创新。但同时这一新型文明和旧的文明相比较，有一个共同点就是都致力于人类的美好发展、自由发展、向上发展。而不同点就一目了然，着力突出生态的重要性，注重人类在改造自然的过程中不能随心所欲、随意掠夺、盲目蛮干而不顾忌自然的"感受"。从依靠"本能"生存的原始文明、依靠"体能"

生存的农业文明、依靠"技能"生存的工业文明到如今依靠"智能"生存的生态文明，始终贯穿着人与自然的关系是如何发展的这条主线，从蒙昧崇拜自然、有限伤害自然、肆意破坏自然到尊重保护自然，生态文明之路虽道阻且长，但前景光明。

二、矿山生态修复

矿山生态修复一般是指对矿业活动受损的生态系统修复，这个生态系统有露采场、陷区、渣土堆场、尾矿库等，受损的生态环境为土地、土壤、林草、地表水与地下水、矿区大气、动物栖息地、微生物群落等。矿山生态修复不仅是对闭坑矿山废弃地的生态环境进行修复，还包括对正在开采的矿山中不再受矿业活动影响的区块生态环境修复，如闭坑的矿段（采区）、结束开采的露采边坡段、闭库的尾矿库、堆场等，即所谓的"边开采、边修复"。

通过矿山生态修复，将因矿山开采活动而受损的生态系统恢复到接近于采矿前的自然生态环境，或重建成符合人们某种特定用途的生态环境，或恢复成与周围环境（景观）相协调的其他生态环境。

矿山生态修复的实践表明，位于降雨量充沛、气候温暖的南方小型井采和露采矿山，可以选择生态自然修复（部分小型露采场5—10年即可自然复绿）。除此之外，大型矿山尤其是北方干旱地区的矿山，生态修复过程中的人为干预是一个必然选择。

要根据矿山修复后生态环境标准要求，采取岩土工程、农田水利工程等技术措施，重塑矿山损毁区地表地形，并通过物理、化学、生物的方法来恢复或重建废弃地的生态系统。矿山生态修复是一项系统工程，不仅涉及矿山的地质地貌、水文、植被、土壤等要素，而且还需要岩土力学、环境学、生态学、生物学、土壤学、植物生理学、园艺学等多个学科共同参与研究，充分体现了多学科交叉的综合特点。

从理论来说，矿山生态修复也是生态学理论的实践和检验。因此，矿山生态修复是在矿山生态系统退化、自然恢复过程与机理等理论研究的基础上，建立起相应的技术体系，用来指导和恢复因采矿活动而退化的生态系统，最终服务于矿山的生态环境保护、土地资源利用和生物多样性保护等理论与实践的活动中。

从空间角度来说，矿山生态系统涉及岩石圈、生物圈、水圈、大气圈，因而矿山生态修复也需要从土壤、地下水、地表水、动物、微生物、植物等方面，综合采用物理、化学、生物等修复方法，注重解决地形重塑、土壤重构、污染防治、植被恢复等问题，从而使矿山生态环境得到修复。

从时间角度来说，生态修复需要一定的时间才能使受损的生态系统逐步恢复。在自然条件下，矿山废弃地生态环境经过自然演替恢复生境大约需要 100 年。尤其是金属矿开采后的废弃地（如尾矿库），其表面形成了极端的生态环境，自然条件下植物几乎无法生存。因此，通过人为干预恢复矿山废弃地的生态环境显得尤为必要。人为干预修复可以按照人们的意愿快速修复，但一般修复成本高。人工修复与自然修复应相辅相成、因地制宜，宜自然修复则自然修复，宜人工修复则人工修复，有主有次、主次结合。同时，自然修复是一种最高境界，即使人工修复实现生态系统的自我维持能力，才是最终目的。

以生态修复为主，人工为辅，利用生态学相关原理和方法，对受损、受污染的矿山生态环境和发展状态进行修复改善，使矿山生态系统恢复到能自我维持、自然演替的健康状态。矿山生态修复是一项多学科交叉参与和支持的系统工程，涉及生态学、物理学、植物学、地质学、土壤学、经济学等学科。矿山生态修复技术主要有植被恢复技术、土壤基质改良技术和辅助修复技术。在当今经济全球化的背景下，矿山生态修复的目标也随之更新，即生态修复、生态提质、生态增值。三个新目标的统一，对矿山生态修复后的景观再造设计提出了新要求，既要修复改善生态环境，提升生态品质，更要孵化文化、旅游等绿色产业形态，将产业选择和生态环境相融合，探寻新的经济点。

第二节　矿山生态的理论基础

一、生态文明理论

生态文明，是人类文明发展的新阶段，要求人类遵循人与自然、社会和谐发展的规律；是以人与自然、社会和谐共生、全面发展为基本思想的社会形态。在经济快速发展、生态环境一度恶化的情况下，党的十八大提出"建设美丽中国"，党的十九大则提出了"加快生态文明体制改革"，这也是当代中国为了创造一个更加符合人们生存的生态环境所做出的奋斗目标与设想，拓宽了我国生态文明建设的理论深度与广度，彰显出在中国特色社会主义建设中，生态文明建设占据重要地位。生态文明理念的牢固树立以及"绿色"发展观的正确指导，对于解决环境问题大有裨益，能从思想观念上筑牢生态环境保护的防线，从而减少破坏生态环境的行为。

（一）共同构建人与自然生命共同体

2021 年，习近平总书记在"领导人气候峰会"上强调"面对全球环境治理前所未有的困难，国际社会要以前所未有的雄心和行动，勇于担当，勠力同心，共同构建人与自然生命共同体"。该重要论述以世界各国人民利益为根本立场，蕴含着鲜明的全人类色彩，共建生态良好的地球家园则是构建人与自然生命共同体的基础之策。因为自然之于人类的先在必然性，决定人与自然生命共同体成为人类命运共同体构建过程中最为必要、最为基础的一环，是以习近平同志为核心的中国共产党人在生态领域擘画人类社会未来蓝图。共建生命共同体的第一层要义，是以生态文明建设为引领，追求和谐关系在人与自然方面的实现。人类自诞生便依赖自然，更因生态环境问题日益严峻而生死相连，形成了共生关系。人与自然的共生关系，表现为两个维度：一是人生存于自然界之中，环境改变人，但人也改变环境；二是人有改造自然之力，但无破坏自然之权，应负保护自然之责。共生是由客观环境决定，而和谐共生、良性共荣的实现，是需要科学认知推动多方协作才能完成的。习近平基于对这种共荣共生关系的科学认知，以生态文明建设为旗帜引领，带领人类科学走向自然界，积极寻求人与自然和谐共生之道，这是对人类生存需求转变趋势的顺应。

作为核心要旨，人与自然和谐共生与共建生态良好的地球家园紧密结合在一起，对地球家园的保护就是对共生共荣关系的维护，对生态良好目标的追求就是对人类美好未来的向往。"共同构建人与自然生命共同体"是 2021 年生态文明贵阳国际论坛的主题词，表明中国在全球环境治理大局下积极推崇这一科学理念和实践路径，在缓解生态环境压力方面贡献东方智慧，积极承担发展中国家的国际责任。同时，中国在强化生态领域的外交与合作方面起到了表率作用，以实际行动拓展实现人与自然和谐共生的实践路径，共建生态良好的地球家园，进而打造人与自然生命共同体，与自然共美。共建生命共同体的第二层要义是凝聚生态文明建设共识，共同构建地球生命共同体。共同体的构建，更要突出人类的主体能动作用，实现以人为本。共建地球生命共同体就是人类能动性的充分发挥，是对全球生态环境危机挑战的主动应对，为全球生物多样性保护提供了理念指引和实践路径。

共同体理念的时代深化，利于全人类生态文明意识觉醒、凝聚。地球生命共同体的构建是对国际生态领域合作空间的进一步扩展，是对多边主义的高质量落实和践行，丰富了国际生态交往的对话磋商机制，有利于更加公平合理的生态环境治理秩序的建立；同时作为新的全球生态文明建设实践路径，有利于习近平共建生态良好的地球家园论述等中国生态文明理念的国际传播，在传递好、传播清中国声音的基础上，努力满足更多的国际共同期待，促进世界各国协同治理，携手描绘山绿水清的生动图景。

（二）坚持人与自然和谐共生

坚持人与自然和谐共生是习近平生态文明思想的核心观点，是我国进行一切生态保护的基础和前提。顾名思义，人与自然和谐共生就是人与自然共同生存、共同发展的一种良好状态。但是，近些年，尤其是党的十八大之前，人与自然之间的和谐状态频频受到冲击，人类开始幻想着主宰自然、征服自然，也正是因为与自然关系中存在这一不和谐因素，人类开始尝到自己所酿成的恶果。由于人类不合理地开发和利用自然资源，全球性生态问题频发。全球气候变化、环境污染严重、自然资源短缺等一系列生态问题困扰着人类，这些都是大自然对人类的惩罚。生态危机一次又一次警示人类，人与自然和谐发展的红线是不能逾越的，一旦逾越这根红线，人类必将受到自然界的报复。

习近平总书记将马克思主义人与自然关系的思想精髓透彻理解，并指导当前的生态文明建设。揭示了人类与自然之间的相互作用，若是人类善待之，必将反馈之；若是人类破坏之，必将报复之。人与自然是一个不可分割的统一系统，二者处于辩证互动的关系。众所周知，在历史长廊中一直亘古不变的议题，一直被人类所关注着的是人与自然的关系话题。习近平总书记正确把握了马克思主义生态自然观，将理论与实践相结合，把握中国具体的生态现状，提出"人与自然和谐共生"的科学理念。这一理念最核心也是最关键的三点：尊重自然、顺应自然、保护自然。他一针见血地指明人类对于自然应有的态度，从上而下地传达和不断在社会贯彻这一理念。何以阐释这三种观点？"尊重自然"就是要通过宣传教育来强化人民群众的意识，加强学校的自然科学教育、社区的自然知识宣传、家庭的良好教育也不可或缺，父母应当为孩子树立好的榜样。学校、社区、家庭三者联合形成一种全社会都风靡的生态氛围，喜欢大自然的氛围快速形成，并时刻以客观、理性、友善的态度来对待生命、与大自然相处。"顺应自然"就是要求人类不能违背自然规律，要顺应"天时"，依据规律认识和利用自然资源。运用天时地利之便，保护自然生态之源。"保护自然"就要在自然规律的尺度之下对大自然进行保护，运用严格的保护制度和手段，在需要的情况下合理地开发和利用自然资源，做到既保护又开发的持久存续状态，遵循"节约优先、保护优先、自然恢复"为主的方针。总之，为建设自然生态美的环境，构建人与自然和谐共生的生存基点具有强烈而实用的实践参考价值。

（三）以建设美丽中国为奋斗目标

走向生态文明新时代，建设美丽中国，是实现中华民族伟大复兴中国梦的重要内容。党的十九大将建设美丽中国作为我国近些年的奋斗目标。2035年预计基本建成美丽中国，国内的生态环境大部分好转。这样的生态战略部署，有利于加快美丽中国的目标实现，也有利于促进社会主义生态文明建设美好愿景早日成真。

美丽中国的奋斗目标何以实现？首先，要实现美丽中国的自然生态之美，就要树立以尊重自然、顺应自然、保护自然为核心的理念，保护生态环境，建设鸟语花香、风景秀丽的美好生态家园。其次，自然生态之美和人文社会之美耦合正是美丽中国的终极目标。改革开放以来，经济发展呈现质的飞跃，人民群众的生活才有了如今富足美满的景象。但是，当初为提高经济发展速度，建设过程中有一些急躁，采用了粗放型的发展模式，工业生产大多数以资源能源为"基底"，再加上开采时技术不够过关，造成资源浪费和利用失衡的结果。传统的工业模式导致环境被污染，只顾发展速度而忽略发展"高度"势必造成人与环境的发展矛盾。那么，将妨碍可持续发展的不足之处，该弥补的弥补，该完善的完善，加大力度促进科技创新，使工、农业实现全部信息化、高科技化，同时推进城镇化的快速实现，使我国的"美丽"景象尽快实现。若要从"根"上转变过去的旧制度、旧观念、旧方式，无论是经济还是文化方面都需要改变。

观念的转换说到底其实最不易，不过，近年来，由于大环境的熏陶，大家都开始意识到环保的必要性。正好激发大家投身环保事业的主动性，积极地为其提供条件，创造环境保护更多的实践可能性。中国社会要自觉地调整和改变已有的经济发展方式，将各个方面协调推进，寻求一种和谐之美和人文社会之美集于一身的永续发展，补齐短板、发挥长处，将各地生态治理的成功经验进行推广，以期达成全中国的生态美丽。建设美丽中国，让我们的生态家园更加完美，不仅仅是自然环境之美，而且需要人文之美，二者耦合方能建成名副其实的美丽中国。

（四）绿水青山就是金山银山

1. 绿水青山和金山银山的辩证统一

目前，生态环境被破坏都源于过去那种传统的、"不厚道"的发展模式。因此，不能继续实行这种传统的发展观，而是既要保证经济效益，也要保住生态效益，做到在发展中保护、在保护中发展。2005 年"绿水青山就是金山银山"的理念问世，绿水青山是自然财富，对于当今社会而言更是生态财富。当前不再局限于一种思维方式，即通过买卖、交换、破坏自然资源来实现财富自由。如今，人类真正意识到仅仅依靠自然资源去发展经济，只能是一种"短视"的发展方式，不会长久，也不可能长久。相反，还会给自然环境带来一些无法修复的伤痕。那么，如何实现社会财富？就需要将过去的发展方式彻底抛弃，意识到绿水青山就是金山银山的重要性。

绿水青山就是金山银山对老百姓来说，就是真正的至理名言，让一些没有多少学识的人都能真切地明白其中含义。现阶段，我们就是要恢复过去被破坏的自然环境，用我们有限的力量辅之以科学技术，修复自然生态环境，让大自然回归。我们要给予大自然充分的尊重，就如同爱护和关心我们的家人朋友一般，就如同爱惜生命一般，给予大自然同等的地位和重视。如果将来获取经济财富的道路和保护生态环境的道路相冲突，我们宁愿要宝贵的绿水青山，也不愿意为了堆满金山银山而破坏掉土地。当然，人类作为最有智慧的生物，必定会妥善处理绿水青山和金山银山的辩证统一关系。绿水青山是指自然的生态价值和生态效益等要素和要求，金山银山指经济价值和经济效益等要素和要求。换言之，生态价值我们需要，经济价值同样也不能放弃，要将生态效益和经济效益都囊括其中，"两山论"才能付诸实践，才能更好地建设我国的生态文明。

首先，自然环境是一切存在的基础，经济发展也离不开它。无机界的生产力是大自然给予我们的馈赠，这种天然的、免费的生产力，成为人类创造财富的首选。所以，应当合理地利用这种生产力，为人类去创造生存、生活的经济条件。但在这个过程中也不能过度利用，毁灭式的创造财富是最不明智的。相反，人类对待自然时也应当怀有仁爱之心，将心比心地爱护自然。摒弃"只要金山银山，不要绿水青山"的错误发展道路，按照自然规律去开发和利用自然资源，保障自然生态价值和生态效益的正向增长。

其次，哲学意义上，绿水青山和金山银山辩证统一，方能达成有机体。习近平总书记的"两山论"正是认识到这一点的重要性，从哲学的高度入手，为了未来更好地发展，绿水青山要留住，金山银山也要有所保障。一方面，如果走唯GDP 的发展道路，就是脱离生态环境而发展，这样只能是一条"竭泽而渔"的绝路，这种目光短浅的发展方式只会带来一时利益，而非长远之道。因此，当二者发生冲突时，我们应当放弃短期利益，壮士断腕，"宁要绿水青山，不要金山银山"。

另一方面，如果过度地保护自然界，而没有为人类以后的生存发展着想，那就是一条"缘木求鱼"的死路，不仅断送了经济发展的目标和利益，而且也会断送未来社会的持续发展。所以，绿水青山和金山银山的辩证统一，一定要合理协调，二者缺一不可。

最后，经济发展和环境保护之间的关系，本质是同一事物的两个方面。经济的良好发展可以为人们带来生存和发展的需要，物质基础必不可少，自然界便发挥了这样的作用，正是在留住自然财富的基础上，更好地创造经济财富。

其实，关于习近平总书记"两山论"的观点形成总共包括三个阶段。

第一个阶段用绿水青山换金山银山。20世纪末，全国有不少地方只注重当地经济的发展，没有看到经济快速增长带来的负面影响。资源快速的消耗、环境的承载力不断下降、无节制地砍伐、滥捕、有矿必采等行为都造成我国污染变得严重，水污染严重，大气污染严重。习近平总书记一再强调人类过去的战略是以无限制地开发利用谋求生产和发展，而现在的战略是须合理开发、节制使用谋求人和自然界的平衡。对环境保护的不断强化，虽然在一些方面会暂缓经济发展的脚步，但是会为子孙后代留下宝贵的生态环境。

第二个阶段，既要金山银山，也要绿水青山。不仅要注重物质发展，同时也不忽视社会、生态建设。人们逐步认识到生态的作用。就"两山论"来看，只注重其中一个，也必定达不到平衡。如果仅仅加大生态保护力度，经济就很难发展；如果仅仅重视经济快速发展，生态破坏会越来越严重。所以经济发展和生态保护同样重要，是人们的做法破坏了两者间的统一。只有尊重自然界的规律找到平衡，二者才可以取得双赢。

第三个阶段，绿水青山就是金山银山。在不断的实践中，人们意识到正确处理好生态与人类之间的关系，绿水青山也可以变成金山银山。生态问题已是全球都在关注的一个问题，生态质量也是当今全球综合国力的一个参照，人们也越来越向往更加舒适美好的生活环境。习近平总书记明确强调首先要加强生态保护，并实现资源的合理利用，做好环保工作。"两山论"是对我国当前生态环境的精准定位，有着丰富的文化内涵，表现出了人民追求美好生活的迫切愿望，体现了以人民为中心的思想。

2. 保护生态环境就是保护生产力

我国的生产力理论从苏联引入，经过我国本土化发展，逐渐形成契合中国生产力发展实际的理论。习近平总书记提出"保护生态环境就是保护生产力，改善生态环境就是发展生产力"的理念。如今，生态环境生产力理论的出现，打破了传统认识的桎梏，凸显了生态环境要素在生产力领域的重要性。具体来讲，传统观念的生产力理论运用一种对立思维，错误地认知人与自然的关系，误以为二者是"主客二分"的矛盾关系。这样，大大地增加了人们对于生产力真正含义的误解。

过去，人们会想当然地将"自然"狭隘地理解为"自然资源"。将非常重要的一个因素——自然条件理所当然地忽视，尤其是对生态环境的重要性也是视而不见。我们不能机械性地将人与自然的关系非理性化地割裂开来，因为越是这样，就越容易将人们引入一种错误的认知情况。让人们误以为越是生产力迅猛发展，人类越会付出相应的代价，造成这样的实践误区。生态环境日益被破坏，直到人类遭遇生态危机，生产力的持续发展也到了瓶颈期。自然界可以作为人类认识和改造的对象，但不可以成为人类社会用以生存发展的"取料场"，更不能成为人类追求利益的"名利场"，甚至成为一种排泄的"垃圾场"。这种将人与自然关系对立开来的错误观念是时候改变一下了。通过近年来高度重视的生态文明理论，将生产力系统中不怎么起眼的生态环境要素从其外围推入生产力系统的内核中心。

当前以"环境生产力论"为指导，破除过去两难境地，始终以发展为第一任务。当然，我国已经有能力在发展的同时更加完善地保护生态环境，促进生态领域生产力的逐步提高；抛弃以前的对立观念，实施新的发展理念，将生态和发展都要保住，不以牺牲一个来换取另一个；仍旧发挥生产力的关键性力量，扭转过去那些只知毁坏，而不知休养自然的错误观念。从当前的时代角度出发，马克思主义的生产力理论被赋予新时代的涵义，扩展其要义和应用领域，彰显了生态领域生产力的本质属性。

3. 推动绿色发展、低碳发展、循环发展

"美丽中国"的目标实现需要全社会合力推动绿色、低碳、循环发展。

首先，企业要转变生产和发展理念，将过去那种旧的生产发展理念抛弃，引入新的绿色发展方式。供给侧结构性改革必不可少，产业结构调整要迈入绿色化，产业结构优化升级要进入生态化，加强生态产业链，增加更多的"绿色"收入，人民才能放心、安心。这是因为"绿色产业是以可持续发展为宗旨，坚持环境、经济和社会协调发展"，显而易见，这就是为什么一定要推动绿色发展的原因。反观传统发展模式就会发现，现如今的绿色发展才是真正的超越理论。曾经那种唯"经济利益"是图的"粗放式"发展模式已经被时代和社会所淘汰，因为这样的发展模式只会给生态环境和人民生活造成不可挽回的伤害，一味地追求利益最大化，从而导致经济发展和生态环境之间的矛盾不断激化。

其次，以"原料—产品—原料"的低污染、低耗能、低排放的低碳发展方式也正在步入正轨，越来越多地被企业所使用、被工厂高频次地利用起来。同时，辅之以技术创新，进行制度革新，构建高利用率、清洁能源的生产结构。我国推动低碳发展方式是站在善待自然的出发点上，将保护能源资源作为价值追求，降低人类社会发展对自然资源的依赖，将能源资源的可持续利用作为支撑点，在发展经济的过程中，注重生态环境的保护。同时，研发和推广低碳技术，将其运用到生产和生活当中，大家都加入节能减排的行列中来，共同营造低碳发展的社会氛围。习近平总书记对国内生态环境的发展目标和对人民群众的殷切期盼推动了低碳发展，以此来实现 2030 年碳达峰、2060 年碳中和的世界承诺。这并不是随口一说，而是习近平总书记基于国内实况和全球危机的责任诺言，承诺既出，必行实践。在低碳生活方面，倡导大众出行使用公共交通，"光盘行动"也不断在人民群众身边流行起来；在低碳生产方面，以高新技术为依托，节能减排成为硬性指标，我国研究人员发明了碳捕获技术，将碳封存技术进一步提升，一些替代技术和减量化技术加快投入生产领域，利用风能、太阳能、潮汐能等清洁能源代替高污染、高能耗资源。

最后，绿色、低碳必然离不开循环发展，资源领域的节约意识不断在提高，高效化使用已成为人们的生活常态。过去"资源—产品—污染—排放"的开环式经济模式已经过时了，被时代所抛弃；反馈式的"资源—产品—资源再生"的循环经济模式越来越受到重用，利用率大幅度地提高。全社会营造一种生态文明理念的氛围，大力推动绿色、低碳、循环发展，促进生态经济快速发展。

（五）良好生态环境是最普惠的民生福祉

党的十九大报告中明确指出："中国特色社会主义进入新时代，我国社会主要矛盾已经转化为人民日益增长的美好生活需要和不平衡不充分的发展之间的矛盾。"时代在发展，人们对美好生活的需求也有了更高的预期。改革开放之后，经济发展速度不是很快，人民生活水平也不高，关心温饱问题过多，对生态的关注不够。随着经济的飞速发展，人民生活水平的大幅度提高，对生活质量的要求也开始变高，开始关注生活环境。保护生态文明也就是保障人民群众生活。习近平总书记曾在 2019 年新年致辞当中提到，应对所有劳动人员、环卫工人给予更多的关怀。并强调了要树立绿色发展观，做好污染防治。在食品安全方面，习近平总书记指出要严肃整顿"毒奶粉""地沟油"等危害民众生命健康的问题。习近平总书记认为大力推进生态文明建设对民众来说是最贴心的保障，也为民众提供更好的公共环境及服务。习近平总书记明确提到："良好生态环境是提高人民幸福指数的关键。"生态文明发展可以提高人民生活幸福指数与舒适度，生态文明建设也能更好地让人们感受到党和国家的关心，感受党和国家带来的惠民政策。

　　"坚持生态惠民、生态利民、生态为民"是生态民生观旗帜鲜明的"铁则"。习近平总书记正是意识到"民为邦本，本固邦宁"的深刻含义，始终将人民放在心中，将人民渴求的生态环境保护项目作为工作的重点。民生福祉是否得到满足是衡量社会建设的"金指标"。没有良好的生态环境，人民群众的生活就无法得到保障，失去了一个好的生存基底，社会就会失去自然保护的屏障。保护生态环境不是一个空洞的口号和形式主义，而是非常现实和具体的，最终人民群众得到的将是实在的生态利益，这是新时代生态民生观的重要目标。首先，习近平总书记坚持生态惠民，我们将继续通过生态系统的保护为人民带来生态利益。我们需要向污染宣战，加大对生态治理和生态扶贫的支持，在健康生态的基础上实现共同繁荣。其次，习近平总书记坚持生态利民，不遗余力地为人民谋生态利益。社会发展越来越快、变化也越来越大，经济的飞跃为我们带来了极大的便利。但同时，干净的空气和健康的食品以及良好的生活环境，逐渐聚焦到物质和精神层面的必要性凸显了出来。为了积极应对这一系列的变化，人们对生态环境质量地要求不断提高，人们的想法和担心都被纳入中共党中央执政的考虑当中。为了提高人民的安全感和幸福感，保护绿色的山川和蓝色的天空都显得尤为重要。最后，习近平总书记坚持生态为民，一切现有的、取得成就的生态成果应当由人民共享。绿色发展的胜利果实是我们每一个人的，人人都可以"咬"一口，来品尝一下其"甘甜"。我们保护生态的初衷、不断改善生态环境的目的就是满足人民美好生态环境的需求，让人民享受美丽的生态环境和健康的饮食生活，最终建设美丽的生态中国，让我们的后代共享今天的发展成果。新时代的生态民生观只有一个终极目标，一切为了人民。党中央秉承对人民群众负责的理念，从上而下执行生态治理政策，贯彻生态民生理念，创造出人民满意的生态产品，提供人民群众喜闻乐见的生态环境。习近平总书记心怀民生，切实保障老百姓在经济、政治、文化、社会、生态等各方面的权益。如今的一切发展成果是属于人民的，是人民群众流血流汗共同努力得来的，大家都可以分享。如是说，良好的生态环境是人民的殷切期望和真切期待。

（六）山水林田湖草沙是生命共同体

山水林田湖草沙都是自然界的组成部分，互相之间都是存在联系的。山水林田湖草沙是生命共同体，有其自身的发展规律，人类如果严格遵守这些规律、合理利用山水林田湖草沙资源，自然界就可以通过自身的休养来满足人们的需要。但事实却是人们毫无节制地索取，不考虑自然环境的承载能力，受到了大自然的种种报复。有了前车之鉴，我们必须采取相对应地补救措施，例如实施大型生态修复工程，对已经遭到破坏的生态环境进行修整。

习近平总书记强调，不可持续消耗已被破坏的资源，资源利用应循序渐进，对破坏程度较重的资源采取休养生息政策。这一政策首先应被国家、企业乃至个人熟知，继而全面贯彻、落实到山水林田湖草沙方方面面。遵循自然界运行规律，在尊重自然的前提下合理利用自然资源，爱护地球母亲人人有责，给予大自然爱、时间与空间，遵循张弛之道，让其养精蓄锐，以备后代之需。通过生命共同体这一指导思想来开展多项防治修复工作。我国对生态的修复也体现在许多方面：植树造林绿化荒山；严格控制污染物的排放，保护水资源；实施退耕还林，保护林地等。这些修复工程不是独立的个体，正是因为这些修复工程的进行，促使我国生态面貌逐渐好转，变得越来越适宜人类居住。习近平总书记关于"山水林田湖草沙是生命共同体"的生态思想体现出了可持续发展的理念，也体现出了绿色发展观，指导我们更好地处理与自然之间的矛盾，也让我们意识到如何处理好与自然之间的关系。

（七）以最严格的制度和最严密的法治保护生态环境

只有实行最严格的制度、最严密的法治，才能为生态文明建设提供可靠保障。要促进生态文明发展，首先要构建完善的制度体系，并为其提供强有力的法律支持。党的十八大之前，我国关于生态文明建设的体系还不完全，法律也不健全，还存在许多的问题。要牢固树立生态红线的观念，对于耕地的使用要加大保护力度，不能出现乱用耕地，盲目地扩张耕地，要合理利用耕地资源，杜绝违法圈地等行为，要严格把控各个污染的源头。自然资源的承载力是有限的，对红线内的生态资源要做好维护。人类生存需要依靠自然资源，怎样对自然资源进行有效的管理，怎样实现自然资源的可持续发展就需要我们去关注。

对自然资源管理体系进行完善是当前我国生态文明建设最基本的要求。通过建立自然资源产权制度可以更有效地起到制约的作用，使得自然资源拥有者在盈利的同时更好地起到保护自然资源的作用，当自然资源受到破坏，拥有者则需承担责任，受到处罚。同时，对自然资源的监管体系进行完善有助于管控资源的使用，杜绝滥用、占用自然资源行为的发生。在生态文明建设的过程中，我们也需要运用到法律，构建健全的生态保护法律体系，有利于推进生态文明的法制化建设。在党的十八大以后，我国出台了多个关于生态文明建设的法律规定。关于合理运用生态文明建设的法律法规，可使我国生态文明建设有法可依，为生态文明建设打下良好的法律基础，通过法律法规更好地约束人们的行为，做到自觉保护环境等。要想长期稳定地开展关于生态文明建设的工作就需要法律的支持，只有依靠健全的制度体系，法律法规才能更好地约束人们的行为举止，才能使得生态得到更好的发展，才能创造出一个和谐的环境。

1. 完善生态环境保护法律体系

中华人民共和国成立以后，全方位的生态环境保护的法律体系在我国铺展开来并渗透到全国各地。1979 年，我国首部《环境保护法》试行，这是我国生态环境保护法律体系的开山始祖。首先，建立环境影响评价制度，启动各大环境保护工程，将所有的相关因素一律纳入考核、评价体系。同时还建立了排放污染物收费制度，不再像过去那样，企业和工厂可以随意排放污水和污染物，现在需要更多绿色化的产业，所以需要排放污染物进行收费以促进工厂的绿色化生产，大幅度地减少污染物的排放。生态治理中的限期治理制度也是为生态环境保护带来希望的一项制度，对于已经被污染的生态环境，政府部门制定一个期限，限时治理好生态环境，给予生态环境以一定的修复时间。若是要建设工程项目，必须将污染防治的设施和主体建设工程一同设计出来，同时与主体工程一起施工建设、一起投入生产使用，这样才能更好地保护生态环境不被施工项目所破坏，最大程度的降低对于生态环境的损伤。1989 年，《环境保护法》由试行变为正式施行，将过去的制度重新修订完善。此后，以《中华人民共和国宪法》和《环境保护法》为主心骨，增加了水污染、大气污染、资源保护等方面的法律法规，相关生态环境保护的法律体系也在逐步完善中。大自然的一切都需要保护，运用法律增加刚度，加大生态环境保护的力度。法律的刚性约束，是示范，也是惩罚。通过法律法规的不断完善，激发出人民群众的生态环保意识，强化人民群众的生态道德责任，将人人守法、人人环保、人人治理的生态意识贯穿进当前的社会氛围中。2015 年，党中央又一次修订《环境保护法》，与之前相比更加全面，也更加严苛。生态法治的范围进一步扩大，增加了一些关于野生动物和自然资源保护的法律法规。这些还远远不够，还需要通过当地的具体情况和生态环境实况，来制定符合地方生态环境保护的行政法规和地方性法规，以此加强整体的治理成效。当然，在不断推进生态治理的进程中也存在一些不够完善的地方。同时，随着社会发展越来越迅速、经济生产力越来越强大、人类生产生活的活动区域越来越大，导致生态环境受到越来越多的破坏和污染。生态环境保护的法律体系不严格、体制不完善、执法不到位，导致生态环境问题愈加严重。"建设生态文明，就必须依靠最严格的制度、最严密的法治来提供最可靠的保障"。我国生态文明建设的法治体系基本构建完成，相关的法律体系也逐渐成熟，为生态文明建设的前路提供法制保障。生态文明法治建设的新局面已然开启，生态环境保护的法律法规体系主线明晰、监管到位、处罚有力，以法治力量为生态文明建设坚固堡垒。

2. 建立健全生态环境保护制度体系

建设生态文明，重在建章立制。要想有更加科学合理、系统完善的建设生态文明，首先就要解决不健全的体制、不合理的机制、不规范的法治等突出问题。完善资源有偿使用制度，以资源产权制度为基础，让全民共享、共有资源，将资源管理者和所有者分开，实施一个项目有一个部门管理的原则，实现资源总量管理、产权落实、监管到位。普遍落实垃圾分类制度，建立城乡统筹的垃圾分类制度，号召全国人民一起参与。做到不同种类的垃圾要分类投放，进行垃圾收集的时候也要分类，运输过程也是一样，最后在终端将垃圾分类处理，形成高效、长效、有效的垃圾分类处理系统。建立生态红线的保护制度，将生态红线的底线牢牢守住。划定18亿亩耕地红线、37.4亿亩森林红线、8亿亩湿地红线。将牢牢坚守住这三个"数字"，坚守住生态保护的底线，以此来保障国家生态安全的生命线、预警建立环境承载能力的上线。建立责任追究制度，不只是当时有问题要负责，还要终身追究其责任。中央定期对地方进行督查，生态领域的工作要落实"党政同责、一岗双责"的原则。领导干部的评价考核制度需要依据时代发展的不断变化而改进，关于生态文明方面的绩效考核要单独整理纳入其中。对于此项制度要做到权力和责任高度一致，并且要终身追究责任，不能不了了之。一些领导干部为了自身利益不负责任、不作为等，盲目地做出一些决定和政策，没有充分考虑到对于生态环境的影响，导致生态环境受到伤害甚至无法修复。这样的情况，一定要追究责任，而且要终身追究涉事官员的责任，不能让一人决策错误的后果来由老百姓承担。同时，要事先消除一些领导干部的侥幸心理，认为只要离开这个岗位就可以不负责任，要对他们实行自然资源资产追溯审计机制。经济社会发展评价制度需要改革，考核方法也需要更新。如今不再是一味地追求经济发展，还要考虑生态环境、治理的成效、建设的成果。同时，破坏生态环境的惩罚制度也要落实，一定要实事求是地执行，不能只是空喊口号。当然，与之相匹配的奖励制度更要大力推行，激发群众保护生态环境的积极性。

过去，人们总是以 GDP 增长论英雄；如今，在评价政绩考核时需要改变观念，充分考虑反映生态环境改善和生态治理进度的指标，这些指标在政治绩效评估中发挥了重要作用。生态文明建设的过程中需要"刚性约束"，不再是以前的"软性"提倡，破坏生态环境的人需要承担法律责任。建立最严格的制约体系和完善的目标系统，并且要确立政绩考核方法，保证这个方法与生态环境保护相适应。同时，建立保护生态环境的激励制度，为保护和爱护环境的行为增加奖励和表彰制度，对于损害生态环境的行为则要加大处罚力度。运用各种补偿方法确保生态补偿机制的实施，树立社会公众的生态保护意识和环保观念，从全方位加快构建生态补偿机制，将主体责任人或责任企业实行资金、项目、实物补偿等多元化的补偿方式。

（八）生态兴则文明兴、生态衰则文明衰

原始社会，生产力水平低下，人类只能顺应自然。到了农业文明时期，人类已经开始探索自然，制造一些简单的生产工具，开始具备改造自然的能力。到工业文明时期，随着科学技术的不断进步和发展，人类生产能力大幅度提高，开始征服自然，贪婪地掠夺自然资源，人与自然之间的矛盾突出，生态危机开始爆发。就是在这样一种背景下，人类才开始关注生态问题，去思考怎样处理好人与自然之间的关系。习近平总书记的"生态兴则文明兴，生态衰则文明衰"这一论断反映了人类社会生态建设与社会发展的关联性。回顾历史发展的长河，四大文明都发源于生态环境优美的地方，但是某些文明的消亡跟生态也有密不可分的关系，古埃及、古巴比伦都是如此，青山绿水变成荒山野岭，绿地变成荒滩，土地的沙漠化。人类无节制地破坏，使得生态系统再也无法承担负荷，变得崩溃。恢复生态环境是一个系统化的过程，一些是无法恢复的。生态文明建设作为人类社会发展的重要组成部分，是人类文明历程当中的全新形态。生态文明应遵循自然发展规律，适应经济社会的发展变化。

习近平总书记生态文明史观将人类文明的延续和生态演进的兴衰紧密联系，正是意识到这一关系，人类文明要想持久延续，就必须重视生态环境的保护。在

一定程度上，人类文明的发展史是一部史诗级的著作，其中包含了人与自然关系的演进历程。原始文明时代，人没有主体意识和主观能动性，人只是自然人，对自然施加的影响特别小，几乎微乎其微，人与自然之间是原始朴素的关系。农业文明时代，人类对自然采取轻微的行动，属于表面上的开发和利用。但是，由于生产力低下，过去被自然所束缚的旧关系依旧存在，只能顺应自然而没有完全的自主性，人与自然的关系处于基本和谐的状态。直到工业文明进入历史的大舞台，资本的控制，追求极度利益的"贪欲"，工业化、机器化的大生产，这一系列的快速发展使得人类开始"洋洋得意"，妄想成为自然的"主人"。资本家开始了野蛮掠夺，肆无忌惮地伤害自然，社会的两极分化加剧，人被金钱和利益所"吞噬"，人与自然的关系恶化。资本过度强调自身的主体价值，将物欲主义推崇到制高点，完全背离人的本性。人类终将有一天会意识到资本的"邪恶"，不再"自以为是"，会反思过去发生的一切，开始去找寻一种存在于人与自然之间的新型和谐方式。生态文明以"尊重自然、敬畏生命"为旗帜，带领人类进入新世纪。生态文明就是要重新引领新时代人与自然的发展关系，将其定义为二者之间关系的地位平等，人与自然相互和谐，实现生态资源和生态利益的代内平等和代际平等。

由历史的发展脉络可以看出，顺应自然规律的社会才能兴盛；眼前的现实可以说明，违背自然规律的社会必然衰落。历史上一些伟大的文明如流星般璀璨的存在过，却也如流星似的从历史的"天空"坠落，直至消失。究其根源，生态环境遭到破坏，人类无法生存，过去的惨痛教训还历历在目。破坏、迁徙、再破坏、再迁徙，形成一个恶性循环。人类的破坏非常迅速，而自然的恢复则需要很长时间，有些更是无法恢复的，这样家乡就成了不毛之地，人类与文明都不复存在。我们应当追求一个既能满足人类需求，又不超越自然承受能力的平衡点。恰好，生态文明出现了，这根"平衡木"就找到了支点。"生态兴则文明兴，生态衰则文明衰"的论述警示人类要重视保护生态环境，遵循自然规律，从社会的多个层面出发实现其整体发展。

（九）凝聚全球环境治理合力

2020年联合国生物多样性峰会上，习近平总书记提到要"坚持多边主义，凝聚全球环境治理合力"，此为习近平共建生态良好的地球家园论述的重要行动之策。"合力"即为全球之力，是世界各主体国家、地区以及国际非政府组织等参与全球环境治理的力量集合。地球是人类唯一的家园，保护地球是全人类的义务和任务，应采取通力合作、共克危机的坚定态度，通过多边生态环境治理合作，凝聚协同治理共识，激发强大治理合力。独行快，但众行才远。作为最大的发展中国家，中国在习近平共建生态良好的地球家园论述的指导下，为凝聚全球环境治理合力做出积极示范，与世界各国携手应对气候变化、能源资源安全、重大自然灾害等日益增多的全球性问题。中国在坚持多边主义、维护联合国权威的发展准则下，进行了发展全球环境治理伙伴关系的战略选择，以战略行动诠释何为"凝聚全球环境治理合力"。

中国认真落实国际公约承诺，履行国际环境治理义务，在提升自主贡献力度方面起到了榜样引领作用；此外，中国还在非政府组织参与国际环境事务能力方面进行提升，为其发展创造良好环境，提供资金和政策支持以加强其专业性建设，更好地向国内国际平台传递人民群众对生态公共产品的需求和关切，强化国际非政府间组织的系统合作。

中国始终坚持多元合作，不断开辟多边主义践行道路。首先，中国重视联合国的核心地位，在联合国框架下积极维护健康的多边合作关系，增强国际社会的向心力。基于自身国际定位，中国强化大国担当，带头遵守联合国及其相关机构发布的各项国际环境文件决议，同时强化自身国家生态战略顶层设计，将联合国决议精神落实到具体规章文件之中。在资金支持方面，中国从未缺额拖延联合国会费的缴纳，以行动促成了联合国多项生态环境治理的集体活动。其次，中国注重生态合作领域多边平台的搭建，建立多边对话合作机制。成熟的多边平台扮演重要角色，例如生态文明贵阳国际论坛作为中国特色的以"生态文明"为主题的国际交流平台，自2013年首次举办以来，持续在国际环境议程的对话磋商、生态文明理念交流促进方面发挥了重要作用；中国拓展深化同77国集团、金砖国家、东盟等机制平台在生态领域的合作交流，与美国、俄罗斯等大国积极开展深层次生态外交，打造立体的环境外交格局。截至目前，中国在生态领域的国际合作交往伙伴数量已近70个，签署合作文件数量远超百件，数量之多体现了中国推进全球生态环境治理进程的坚定决心。中国深知单边主义不得人心，坚定在历史发展大势一边，寻求世界各国利益的汇合点，以奋进之姿为人类社会的可持续发展开辟了新前景。

（十）共建地球生命共同体

人类社会在越来越接近于一种看似处在自身掌控之中的地球文明的同时，却在遭到地球所不断发出的关乎人类文明未来的最严厉警告，即生存还是毁灭。人类文明的发展进步需要建设绿色、和谐、美好的家园，这是人类共同的梦想；共谋、共建、共享生态良好的地球家园，也是人类共同的夙愿。但是，人类经济社会发展的需求与地球现存的有限资源供给，都是无法两全的存在。人类文明的未来前景需要地球村的每一个村民共同努力，积极地建设，而共建地球生命共同体正是一种出于人类文明使命的召唤。全人类共享一个地球，没有哪一个民族和国家可以脱离出去单独地生存发展。面对全球生态环境恶化的大趋势，任何一个民族和国家都不可能独善其身，认为和自己没有任何关系，甚至想当然地置身事外，更不能为了本国利益而伤害他国的生态利益。因此，每一个国家都应该担起生态环境保护的责任，为了仅此一个的地球家园通力合作、同舟共济。共建地球生命共同体，搭建全球生态文明的建设载体，让各族人民"同筑生态文明之基，同走绿色发展之路"，让各国都主动参与、共同制定全球生态治理的规则。中国一直以来作为全球生态环境治理的推动者、建设者、引领者，习近平总书记以大国担当和民族气魄表明了中国态度，对于国际责任从不推脱，对于生态承诺绝不失信。联合国发布《2030年可持续发展议程》，中国紧随其后出台《中国落实2030年可持续发展议程国别方案》，积极响应联合国的号召。我国主动发起与美国和印度的双边联合声明，这个声明就是为了加速2015年的《巴黎协定》而草拟的，为国际合作注射"加速剂"，以求全球气候的好转。但是，2017年美国单方面宣布退出《巴黎协定》，对于此种做法，我国积极建设多边主义，重申我国的坚定态度。同时，我国的"一带一路"倡议就是对于双边和多边主义建设最好的印证，以大国姿态，行合作事宜，积极推动国与国之间的经济发展和生态保护。2021年，在中法德视频峰会上中国承诺将不遗余力地推进双碳工作，由此看出中国在推进绿色、低碳、循环发展的强大决心。以上这一系列的举措表明，中国将持续为构建地球生命共同体做出自己的贡献。

（十一）提升应对环境挑战行动力

习近平总书记在联合国生物多样性峰会上的讲话中强调"增强责任心，提升应对环境挑战的行动力，我们要切实践行承诺，抓好目标落实，有效扭转生物多样性丧失，共同守护地球家园。"此为习近平共建生态良好的地球家园论述落地实践的关键之举。中国生态文明理念传播在国际上已经取得一定成效，全球携手应对生态环境危机的共识已初步形成，多数国家参与行动意愿强烈，但最为关键的还是要落实在治理行动上。习近平总书记共建生态良好的地球家园论述从政策提出、能源转型、绿色援助等方面，提出了具体的行动指南，以期切实提升应对全球环境挑战的行动力。

首先，以绿色理念添动力。习近平总书记主政浙江时便提出"绿色GDP"这一经济发展综合指标，在此基础上习近平总书记倡导采取经济发展与绿色保护有机结合的政策。在应对全球气候变化的同时要兼顾民生需求，平衡物质生活需要和美丽生态家园追求。在经济发展全过程贯穿绿色发展理念，使得中国经济在实现消除绝对贫困跨越式发展的同时也超额完成了2020年节能减排的目标，主动提高了国家自主贡献力度，向碳达峰目标阔步进军。全世界各国应深知，采取生态环境保护举措与经济发展并非不可调和的矛盾体，将绿色作为经济发展的底色，反而成为经济高质量稳步发展的重要动力，取得更多绿色发展成绩符合未来世界经济格局的发展大势，为世界各族人民开辟更加安全、更加可持续、更高质量的生存空间。

其次，以能源转型增活力。目前的世界能源市场化石能源消耗占据了绝大多数，化石能源是不可再生能源，大量使用排放又会对地球气候变化产生不可逆的影响，因而提升应对环境挑战的行动力要从清洁能源转型开始，实现全球能源体系改革转型势在必行。中国采取的前瞻性能源转型行动已经初见成效，现已建成了世界上最大的清洁能源系统，对风能、水能、生物能等新型清洁能源实现有效利用，非化石能源消费比重已达25%，极大缓解了全球碳排放压力。中国作为全球可再生能源的引领者，在国家顶层设计方面对清洁能源转型做出了长远筹划，"十四五规划"和"2035远景目标"表明，中国将以实现能源清洁低碳安全高效利用为目标，致力于全球绿色复苏，促进全社会清洁能源结构转型进程。能源清洁转型与全球气候治理密切相连，推进转型是中国以有效行动对《巴黎协定》的坚定维护，为全球气候治理注入了强大的动力。

此外，提升行动力要以绿色援助聚合力。中国在全球生态环境治理格局下，持续开展对其他发展中国家的绿色援助，加大支持力度。全球性环境问题的根源开始于资本主义现代化，通过生态殖民掠夺落后国家的自然资源，造成了环境问题的全球化。这种由资本控制不公平的全球权力关系和国际政治经济秩序与全球生态环境保护相矛盾，因而全球生态环境治理必须遵循"环境正义"的价值取向，我国重视对发展中国家的生态治理，实现发达国家与发展中国家协同共进。从广泛开展应对气候变化的"南南合作"到"一带一路"绿色发展国际联盟的建立，新的合作平台搭建为全球生态环境治理贡献了新的力量。中国不仅为沿线国家带去了技术，还举办多期培训班"授人以渔"，培养出了超过千名专业人才。新的阶段中国仍然在行动，持续扩展生态合作，签署低碳示范区谅解备忘录、启动多国环境合作中心，多项旗舰型绿色援助项目将持续助力全球应对环境挑战行动。

二、土壤种子库理论

土壤种子库是土壤中所有有活力种子的总称。土壤种子库逐渐被科学界所关注是因为土壤种子库在生态系统中的功能。一般认为，土壤种子库有以下几个功能。

第一，储藏功能。许多物种的种子都能够通过延缓萌发的方式存在于土壤种子库中，即这些物种的种子在土壤种子库中保持长期的休眠状态，以达到长时间存活的目的。生长在极端环境下的物种，例如，在炎热的沙漠或者像青藏高原这样高寒、气候变化可预测性低、高紫外线辐射环境中的物种特别依赖土壤种子库。这些物种通过土壤种子库的"储藏效应"以及"多面下注对策"等策略，帮助它们在复杂多变的外界环境中生存，等到环境适宜时这些物种再从土壤种子库萌发出来，从而延续后代。

第二，维持群落物种多样性的功能。当外界环境剧烈变化时，例如，受到人为干扰，如农耕，放牧，或者自然灾害，如火灾以及极端气候事件等，导致地上植物群落受到严重破坏造成植被表面出现大面积裸露或者斑块。这些干扰可能会导致某些或者某类植物物种从地上植物群落中消失，然而它们的种子可能依然保存在土壤种子库中，从而保证这些物种的种群得以在群落中延续。

第三，生态恢复功能。土壤种子库一直被认为是潜在的恢复资源。当地上植物群落受到干扰被破坏后，土壤种子库能够通过种子萌发从而快速地对地上植物群落进行幼苗补充。很长时间以来，高寒生态系统土壤种子库一直被认为是不重要或根本不存在的。大量关于高寒生态系统的研究表明，高寒植物繁殖主要是通过营养繁殖（无性繁殖）来产生后代。然而，基于种子萌发的原位观测实验发现有性繁殖（产生种子）同样在高寒植物繁殖中也起到重要的作用，这些结果不断加强了有性繁殖在维持高寒生态系统地上植物群落物种多样性的重要性。此外，其他研究在世界各地高寒土壤中也发现了种子密度相当大的土壤种子库。

事实上，现存植被中超过一半的高寒物种可以以种子的形式存在于土壤中。高寒生态系统环境条件具有寒冷、裸露以及气候条件不稳定等特点，这些特殊的环境条件造就了高寒生态系统有利于形成持久土壤种子库。持久土壤种子库中的种子可以存活两年或更长时间，而瞬时土壤种子库中的种子只能持续到下一个生长季节。高寒生态系统土壤种子库中的种子要在低温而且短生长季的环境中对地上植物群落进行幼苗补充。高寒生态系统中许多物种会将种子分散地埋藏在土壤中，以应对那些可以诱发种子萌发但不能够维持幼苗后续生长以及达到植物繁殖成熟条件的温度和降雨事件。这种策略能够帮助高寒物种在很长的时间尺度上维持种群稳定，减少因为某些异常温度或降雨变化事件而导致植物物种种群发生波动。

土壤种子库作为种群的遗传记忆，使物种能够在土壤中（相对稳定的基质）保留一些繁殖体，并抵消高寒生态系统在种子生产和质量上的年度波动。同时，土壤种子库在地上植物群落动态中也发挥着重要作用，特别是在干扰后种群的重建中发挥重要作用。在未来的气候条件下，高寒生态系统环境中冻融作用、火灾和土壤侵蚀等事件的发生频率预计将大幅度增加，加上逐渐增加的人类活动，将会使土壤种子库在随后对高寒草地生态系统地上植物群落的幼苗补充过程变得越来越重要。土壤种子库在生态系统中的恢复作用越来越受到生态学家们的关注，并且越来越多的生态系统恢复工作将土壤种子库视作重要的恢复资源，使用土壤种子库对地上植物群落进行恢复。然而，土壤种子库对生态系统恢复的作用机理仍然不清楚，需要进一步研究。

三、植物演替理论

植物自然演替过程是十分漫长的，通常对于矿区的植被演替加入人工恢复措施，适当的人工恢复措施可以加快植物演替速度，促进植被恢复进程。单纯通过植被自然演替需要很长时间才能使受损土地得以恢复。在植被恢复过程中，无论是自然恢复、人工修复，还是二者修复相结合促使废弃地生态恢复，都需要科学、合理地制订出可实施计划，前提是要根据不同矿山受损情况以及特定的社会、经济、环境，同时考虑到采矿后人们对矿区土地保护与利用，从而达到修复应达到的效果。在植物演替中，包含植物、动物、微生物、人类活动以及整个生物界的能量与物质流动。通常演替机制理论包括裸地、迁移、定居、反应、稳定性等五个阶段。演替的进程主要与生物组成的生活史有关。在演替初期植物种变化较快，物种数随演替进程不断上升，最终达到一个稳定数目进行波动。一般认为自然植被演替的根本原因是群落内部的矛盾，即群落中植物种群间、植物与动物微生物间、植物与环境间的矛盾，外部环境条件通过群落内部矛盾而起作用。

四、限制性因子理论

限制性因子理论是生态系统的一个重要理论，从某种意义上说，生物的成长和复原都与其生存环境中的各种限制因素密切相关。在矿区废弃地中，有许多限制因素对生物的生长和恢复有直接影响，例如，废物的污染性、土壤、光照、水分等等，都会对植物生长和恢复造成一定的影响。其中，影响最大的是土壤环境。随着矿场的不断开采，土壤的环境也会逐渐发生变化，例如，土壤的深度发生变化，土壤中的有机物含量会增加，土壤含水量也会减少，土壤中的有害元素也会增多等。这些都是矿山生态修复的限制因素。

五、恢复生态学理论

恢复生态学理论起源于20世纪80年代，它是当今应用生态学中的重要内容之一，主要是研究如何恢复与重建那些由于人为或非人为原因而造成的生态环境破坏。恢复生态学理论主要研究生态系统退化的成因、恢复与重建的技术与方法、退化和恢复过程。

恢复生态学理论包括自我设计理论与人为设计理论。自我设计理论是指那些已退化、正在退化的生态系统在一段时间内，通过自己组织与调节，最终修复至原样。而人为设计理论则认为生态系统是需要通过外界或是需要人为手段对其进行干预，使它能够对已经受损的生态系统进行修复。例如，植物群落的栽植法。

近年来，恢复生态学理论在矿业废弃地改造和重建过程中得到了广泛的应用，通过采用生态恢复与人为措施相结合的手法，恢复场地的自然生态系统，改造和恢复原有场地环境及使用价值，实现资源再利用，并对其进行重新开发，具有很大的现实意义和研究价值。

六、环境心理学理论

环境心理学理论起初是在社会心理学领域中得到广泛的应用，自20世纪60年代兴起，主要研究的是环境与人类心理、行为之间的关系。例如，总处在噪声环境中工作的人们就会受到噪声的影响，使他们的工作和学业都会受到一定程度的干扰。被动地接受噪声会使人很难专心，同时也会有焦虑、烦躁等不良情绪。另外，因为条件反射、联想等因素，气味也能使人产生不同的情感反应。环境心理学是研究行为和构造与自然环境关系的科学。在早期时，其研究重点主要是指环境对人类心理、行为的影响。例如，在矿区环境中所受到的大气污染或植物、构筑物的密集分布等都会对人体产生不利影响。因此，在进行生态修复时，可以利用人处在环境中所产生的不同心理变化来了解人的偏好，从而进一步消除环境中对人体不利的因素。

七、可持续发展理论

可持续发展的定义为"既能满足于当代人的需要，又不会对后人满足其需要的能力构成危害的发展"。可持续发展理论从根本上是从解决经济发展和保护生态环境的角度出发，主要是为了处理好社会发展与生态保护之间的关系。

随着社会的不断进步，可持续发展成为人类发展的必然要求。人类将关注点主要放在了保护自然资源和生态环境、维护生物多样性等方面。在可持续发展理论的指引下，人们逐渐将设计行为融入"人—环境"系统中去，实现了可持续景观设计。可持续设计是一种全新的理念和方法，强调在不损害生态功能基础上，利用资源、能源等物质要素与空间形态进行综合协调。这种新观念是建立在生态学理论基础之上，其目的在于实现自然系统的持续循环，减少其在自然循环过程的干扰，以自我再生能力恢复景观，从而实现人与自然的和谐发展。首先要把时间作为景观可持续发展过程中一个重要的考量指标，然后通过数据分析和对未来预测，进行景观设计，使其在长远时间里保持可持续发展，对生态环境和社会产生积极影响。在矿区景观规划和设计时，应从生态、经济和社会三方面进行考虑，把可持续发展理论渗入到矿区的规划和设计之中。从生态角度讲，通过恢复和重建已经受损的生态系统，解决污染问题，使其得到好转，最终达到可持续发展的状态；从经济角度讲，矿区景观的恢复与重建，可以带动周围地区的经济发展，对矿山进行改造和再利用，恢复场地活力和景观的价值，使当地经济实现可持续发展；从社会角度来讲，将矿区脏乱差的环境改造为适宜人类居住的环境，则有利于改善当地居民的生活。在此基础上，对当地的历史和文化进行继承与传播，来促进矿区的可持续发展。

八、生态修复理论

生态修复理论是根据生态学的基本原理，利用特异性生物自身对污染的代谢过程，通过物理和化学方法以及一些特殊技术手段来修复被破坏的环境，有关专家认为生态系统更多的是自然恢复。生态系统修复涉及生物学、物理学、经济学、化学、文化学等多学科多层次内容，无法通过单一方式恢复，是一个包含生态领域、经济领域和社会领域的系统性大工程。

第三节　矿山生态修复面临的主要问题

一、矿山生态修复基础物资保障不足

（一）修复资金利用率低

矿山生态修复需要资金来保证具体修复行为的实施，项目责任主体，不管是政府还是矿山企业，都要面临着很大的经济压力，责任主体的经济实力也就决定着修复任务能否顺利完成。矿业企业是营利性实体，积极消耗大量生态修复资金是不现实的。我国《矿山地质环境保护条例》中也有明确规定，采矿权人应当将矿山地质环境恢复资金存入不少于恢复所需资金。生态修复所获得的收益归于企业所有，必须履行回收义务后才能返还保证金，以保障采矿权人履行修复义务。条例还规定，采矿权由市、县自然资源主管部门管理和恢复的，由采矿权管理和恢复人员负责资金来源。即要向同级人民政府申请生态修复专项资金；同时，上级自然资源主管部门要给予专项资金。此外，根据《矿山地质环境保护条例》，中国还鼓励公众投资矿区的管理和恢复，也就是说，关闭或废弃矿山的生态恢复资金不仅要来自国家政府部门，还要来自社会基金。但在实践中，由于缺乏雄厚的资金支持，使得生态修复工作不尽如人意。一是生态恢复存量体系不健全。矿山企业的目的是赚钱，追求经济利益是他们的本性，企业主动自费修复是不现实的。因此，这是一种非常有效的约束方法，能够使公司缴纳定金，并使用专项资金进行生态修复。

首先，缺乏法律层面督促企业利用保证金来对矿山进行生态修复。很多地方有存款法律，但由于立法水平较低，缺乏统一指导，规范使用程序等内容，存在以下问题：在征收标准方面，可能是由于地方保护和征收标准偏低，不能起到实际作用；在使用范围上，只能严格用于特殊用途，但目前的使用范围对于一些生态修复来说过于狭窄。其次，当地政府对生态修复的支持不足。矿山企业是营利性组织。在矿山生态修复中，必须考虑企业所能获得的经济效益以及所要投入的恢复成本。生态修复所需要修复资金不足是矿山企业在进行修复时所面临的最重要的问题。这不仅会给企业带来经济压力，还会降低企业生态恢复的热情。对此，当地政府应给予一定的财政支持。最后，社会资金的利用方式不顺畅。吸收社会资金用于生态修复是解决资金短缺较为有效的手段之一。但由于我国现行法律对于如何进行社会融资以及社会融资的程序缺乏具体规定。原则上只有《矿山地质环境保护条例》规定，国家鼓励社会投资恢复已关闭或废弃矿山的地质环境，但是实际没有多少社会资金进行矿山生态恢复。

（二）修复技术匮乏

生态修复具有很强的专业性。矿山生态恢复需要可靠的技术保障。然而，中国大多数矿业公司目前没有技术研究人员。先进技术通常由专业研究机构的技术人员掌握。事实上，公司在实施修复方面缺乏专家统一的技术指导，也没有生态修复后如何维护的技术保证。虽然很多矿山企业大力开展矿山的生态修复工作，同时也进行了多次修复尝试，但是在生态修复方法方面还是缺少相关专业研究人员开发新的修复方式和有效的生态修复技术，只能利用现有的修复措施进行补救。像研究土壤中重金属的分解及其存在的问题，特别是如何恢复土壤肥力使其快速适用土地耕种，是十分必要的。

（三）修复用地紧张

矿山生态恢复需要国家提供适当的土地支持。但目前的土地开采周期不合理，实践中很难完成土地复垦和及时归还工作。由于以往的土地复垦规划缺乏，审批手续烦琐、费用昂贵，且耗时长、处理难度大，很多有效的复垦方法很少被采用。在土地利用年限方面，部分地区只有对采矿区临时占地的政策，没有对采矿用地单独出台相关政策。露天开采的矿山企业涉及集体土地使用时，对于需不需要办理集体土地转为国有建设用地的手续没有规定，能不能直接作为临时采矿用地使用也都没有规定，这样就使得矿山企业仅能在所获批准的较小范围内开展工作。有的地区对露天采矿的矿山企业采用了临时用地实施 5 年的方法。通过存复垦保证金，该公司被迫在使用土地 5 年内完成对其使用土地的复垦任务，并将土地归还给原权利人。根据现行的《中华人民共和国土地管理法》（以下简称《土地管理法》）中的规定，临时用地期限为两年，但是矿产开发具有它的特殊性，可以申请续期许可，即续期两年，加上生物复垦。延长一年，露天采矿用地复垦试验期以五年为限。然而，采矿时间是矿区复垦时间的综合考虑是一个重要的方面，地质构造同时也影响采矿进度。

二、矿山生态修复管理存在问题

（一）生态环境问题突出协同管理不够

我国现行的多部法律从不同方面规定了政府和矿山企业对矿山地质环境和生态恢复的法律责任，规定了自然资源，林（竹）草，水利，生态环境和农业等部门的管理权限。但是，就矿山生态修复项的现状来看，无论是前期的规划立项、申报工作和项目实施，都只有自然资源部在开展相关工作，其他部门基本上未主动参与，特别是前期项目包装申报立项，各部门数据和资料信息也未共享，存在一定的壁垒。矿山生态环境修复管理是按照条块管理方法进行的，矿山地质环境管理、土地整理是自然资源管理部门在负责，河流污染管理由环保部门负责，矿区道路由交通部门负责，矿山旅游地质资源由文旅局负责，水土流失由水利部门负责，项目统筹由发改部门负责，山、水、林、田、湖的管理是独立的，协调远远不够。就造成了现有矿山生态修复管理的具体工作分散在多个部门中，职责仍然重叠，相互推诿，严重削弱了矿山生态环境修复管理和推进的力度，一些矿山的生态环境恢复和治理项目实施开展效果不佳。

根据《矿山地质环境保护规定》的具体要求，对市县自然资源管理局在矿山的环境治理和生态恢复方面的职权进行了强化和强调。但也在某种程度上弱化了与矿山生态环境修复密切相关的其他部门的职权，例如，降低生态环保、林业、水利等管理部门的参与积极性，出现违法现象和行为时，相关部门不会在矿山生态环境保护监督方面有效地行使执法权，而是认为这是自然资源部门的事。另外，各个部门都在争取矿区有关的项目时，申报开展一些水土保持、乡村道路建设、景观修复、乡村旅游、生态环保治理、土地质量提升等工作，许多情况下各部门之间缺乏相互合作和沟通，未进行统筹考虑，没有整合项目资金和资源，使资金和政策效果打折扣。

（二）矿山生态修复标准不统一

矿山企业实施"二合一"编制计划，即矿山地质环境保护整治规划和土地复垦规划联合编制。同时，取消了编制规划的资格限制。显然，采矿权人可以根据需要编制或委托有关单位编制。根据《矿山地质环境保护和土地复垦方案》，以矿业权为单位，减少矿山企业的管理环节和负担。矿山开发前都需要进行矿山生态环境规划，这是矿山生态环境管理的重要组成部分。矿山生态环境规划是用来限制矿业权人并最大程度地减少矿山生态环境的破坏。实践证明，该系统在矿山生态环境管理中确实发挥了作用，从矿产资源的开发直到矿山的破坏进行矿山生态环境修复，它都具有重要作用。但是，目前很多省市自然资源行政管理部门以直接下达生态修复任务的方式来解决矿山生态修复问题，基本没有间接的激励机制和切实有效的调控手段。在矿山生态修复这方面问题的解决上，行政机关的能力不足，无疑为矿山生态环境的健康发展设置了障碍。经过多年的探索和发展，将各个部门、行业和地区的矿山生态修复管理有机地联系起来，为中国矿山生态环境问题奠定了坚实的理论基础。在实践中，《矿产资源规划管理暂行办法》《全国矿产资源规划》《矿产资源规划的实施管理办法》等规范性文件被纳入了矿山生态环境规划。在目前的矿山生态环境规划实施过程中仍然有许多问题和漏洞。制定的矿山环境规划内容不能够完全独立存在，只是以法规的附属形式存在，同时规定的内容较为笼统，没有足够的约束力来督促执行。矿山生态环境规划中不能形成完整的体系，没有统一的标准。部门和地区之间也没有有效的联系、合作和相辅相成的方法，成为较突出的问题。因此，矿区现有的生态恢复标准过于分散、模糊，它们都是基于最终修复状态所制定的标准。由于工作量较多、时间较长，很难满足阶段性评价的要求。生态修复的成本无法快速、合理地计量。这也使得矿区在进行生态恢复时只注重短期效益。以简单、投资回报少的方式，不可能恢复或改善矿区。例如，生态修复的一个重要方面就是土地复垦。目前，我国还没有合理的土地复垦指标，只注重种植面积而没有重视所恢复的土地质量问题。现在，地方政府制定的矿山生态修复法规，只是局限于恢复层面，生态修复政策在法律层面缺乏具体、明确的生态修复规定。

（三）生态家底不清且缺乏全面系统的规划

自然资源部门往往关注的是矿区地质环境的破坏，对于矿山周边环境和生态环境破坏、环境污染破坏（土壤污染、地下水污染）、生态多样性、环境承载力等情况不清。目前，由于矿山环境保护与治理规划还没有纳入国土空间总体规划，使得区域矿山生态环境恢复工作与其他规划脱节，生态修复缺乏统一的规划和部署，防治工作往往处于有多少钱干多少事的阶段，处于十分被动的状态。

目前，虽然要求所有矿山必须编制矿山生态环境修复（复垦）方案，但未严格执行，已开展的生态修复治理工作几乎都是被动治理。例如，在泸州市叙永项目实施过程中，由于项目区建设超过15平方公里，项目实施周期长，工程建设内容和区域与其他10余个项目大量重叠，当地政府缺少资金、资源、项目申报的统筹和统一的规划。

（四）矿山生态修复监管不到位

自然资源部是负责矿山生态恢复监督的专门机构，并负责组织对同级矿山的地质环境保护和土地开垦计划的审查、监督和验收。随着生态恢复基金制度的建立，自然资源部将把存款转入基金账户，以促进土地复垦的责任人履行职责。尚未制定矿山生态修复和开垦计划，土地开垦计划，矿山生态修复基金以及预付土地开垦费的矿山，不予获得扩展采矿权的批准。目前，我国部分省市的监督方式主要有社会公众参与和社会舆论参与。在《环境影响评估机构考核管理法》中，相对明确了关于矿山生态修复社会监督的法律规定，但是在决定审查时没有公众参与的相关内容，并且无法阐明公民的环境权利。因此，国家和地方两级矿山环境影响评估法律制度的规定表明，公众参与程度较低，并且仅以法律声明的形式参与，公众参与矿山的环境影响评估活动不足。社会公众监督基本上依赖媒体，但实际上，媒体监督是单方面的，以致无法公平地宣传矿山的环境损害程度。因而，现在对于触犯矿山生态修复的违法行为，主要是实施行政或者强制处罚，没有规定其需要担负的民事责任。在《矿山地质环境保护规定》中，也只是规定了 3 万元以下的罚款，这和开采企业的收益相比较而言，可以说微乎其微，由于没有严重处罚，以至于规定难以发挥出震慑作用，不能切实落实生态修复法律的规定，从而对生态修复治理效果造成不良影响。

矿山生态修复过程中涉及经济和社会的许多部门和学科。中国有许多从事环境保护工作的组织，他们对其职权范围内的矿山环境管理事务进行管理；自然资源部负责矿产资源管理、矿山生态修复。考虑到自身利益，各部门对矿山环境治理有不同的具体规定，在制度设置上有一定的偏见，同一级别的部门之间功能设置重叠。当同一级别政府职能部门的职能存在交叉时，有的部门为了维护自己的利益或推卸自己的责任，彼此之间几乎没有沟通，这导致不能有效地指导和监督矿山企业的治理活动，部门管理效率低下，逐步加剧了矿山的生态修复问题。另外，上级部门和下级部门之间也存在职能重叠的现象。如果矿山企业的发展对生态环境造成了环境问题，同时能够产生较为可观的经济利益时，地方政府和上级政府都有权进行管理和监督。如果地方政府对矿山企业造成的环境问题不加管控，而是盲目追求经济利益，甚至直接掩盖矿山生态环境污染这一事实，将导致上级部门无法直接、有效地控制这种情况，就会造成更严重的环境问题，并严重损害环境安全。

另外，由于职能的重叠，部门之间的沟通不畅通，各个部门的信息也不尽相同。如果再出现信息更新滞后于发展的情况，政府的决定基本就会失去其正确性。进而这些错误的决策直接导致资源浪费。即使矿山企业在破坏了矿山生态环境后对其进行矿山生态环境治理也无法取得预期的效果。立足于行政规章层面而言，给予了明确的生态修复责任依据。我国很多矿山生态环境遭到破坏，是由于过度开采以及污染导致的，开采企业因而受益，不用说也应该是开采企业需要担负起修复损害的责任。然而，现在的规章制度不够系统、全面，没有明确生态修复的责任主体，也没有强调开采完成后的环保问题由谁负责，没有具体指出新的开采企业进入后是否和老开采企业一起担负修复责任，以至于造成不能确定修复主体，难以实施矿山修复工作。

（五）技术规范体系不完善

矿山生态修复特别是重大生态恢复项目，往往涉及的工程措施手段多，既有自然资源方面的规划设计、地灾防治、土地复垦复绿（土地整理）、地下水防治等，同时还可能涉及农业方面的耕地质量提升、田间道路建设、坡改梯、小农水建设、特色农业打造等工程，水利方面的水利设施建设、沟渠建设、山坪塘整治修建等，环保方面的土壤污染防治、地表水防治、河湖污染防治，交通方面的田间道路、乡村道路改扩建，林业方面的植树造林、植被恢复，住建方面的勘察、基础设施建设、风貌塑造等众多行业。在项目前期工作中，缺少统一的申报、立项、勘查、规划设计、监理、验收规范标准和规范。加上没有统一的工程质量控制标准，进而导致矿山生态修复工程验收环节出现错乱，这时候往往又协调其他行业主管部门来参与验收，但由于前期并未严格按照行业规范设计，导致验收出现扯皮和久拖不决的情形。此外，在现有标准体系中，无法体现矿山生态修复过程中的生态系统整体性和生物自适应性等生态特征。

（六）矿山生态责任人难确定

每个矿山企业的情况不尽相同，一个矿业权经过变更后对于谁来进行矿山生态修的界线就变得难以确定。因此矿山生态恢复的首要问题是确定谁应该对恢复负责，即责任主体是谁。对于谁负责矿山生态恢复的问题，我国现行的《环境保护法》规定了公众参与原则和损害赔偿责任，并规定了生产者和经营者的责任。《土地复垦条例》对土地开垦的责任主体做了更具体的规定，界定了生产、建设造成的土地破坏，历史遗留损毁土地，自然灾害损毁土地复垦的责任主体。也就是说，第一类土地由开发使用主体复垦，第二类土地由政府复垦。《矿山地质环境保护条例》规定了"开发、保护、破坏、管理"的原则，明确了矿业权人的保护和恢复责任。经认定，当该负责人死亡或失踪时，由自然资源部负责追回。从行政法规的角度，为矿业权人的生态恢复责任提供了明确的法律依据。矿山企业的采矿活动污染了矿区，使矿山企业受益。毫无疑问，矿山企业应该承担赔偿责任。但是，现行的法律法规过于简单和笼统。在法律生效之前，谁负责矿区生态恢复？采矿后出现环境问题，谁来解决？新矿业企业进入老矿区开采，如何确定修复主体？这使得在实践中很难确定修复责任人。

另外，所有权制度混乱直接导致了矿产资源开发的混乱。政府用采矿许可证的方式赋予采矿权人采矿的权利，但相关采矿权的法律对现实中的采矿所有权的管理并没有起到很好的作用。从政府那里获得采矿权的成本非常低，与之相对，采矿权的收益是巨大的。这种低成本的收购、高利润的回报，在一定程度上使得对资源的掠夺式开发与环境破坏处在一个恶性循环当中。我国现存的矿山企业普遍存在生态环境破坏问题，如地面塌陷、土地破坏和空气污染。在现有的矿山企业当中只有少数企业对矿山进行生态修复，其中大多数的矿山没有得到修复就灭失了。到目前为止，我国部分省市还没有一套完整的矿山生态修复责任制和补偿机制，矿山生态修复工作的通知完全都是由上级部门下达，很少有矿山企业主动完成矿山生态修复，这种现象的出现在一定程度上是因为所有权制度的混乱，现在的矿业权人不想承担生态修复上的支出，有的希望转移给下一任或者国家来承担。另外，矿业发展对公共土地造成的损害赔偿在我国现行法律法规当中也没有具体规定，赔偿仅限于民事赔偿。法律层面上的空白导致生态修复成本转移到社会主体上，在这种情况下无法确保被破坏的生态环境得到修复。

三、相关配套制度保障不完善

（一）验收制度缺失

生态修复的验收制度是检验生态修复工程是否达到预期标准的一项制度。目前，我国关于生态修复的验收制度集中于大气污染验收、水污染验收、土地复垦验收，在露天矿山领域，比较全面的就是土地验收制度。但是现有的验收制度仍然存在问题，主要体现在验收主体构成混乱、验收标准不明确、验收程序不规范以及验收缺乏监督等四个方面，尤其是验收标准，国家并没有统一的技术规范，仅有极个别的地方标准。例如，甘肃省出台的《甘肃省林业系统自然保护区生态修复验收办法》对于验收标准规定得很具体，包括不同树种的成林成丛年限表，且根据地区温度的不同，针对高寒地区拟订了专门的技术标准；只有广西一地有专门的《土地复垦技术要求与验收规范》。验收标准的不明确，直接导致生态修复实践中仅是走走过场、装装样子，才会出现类似于福建漳州为了逃避卫星监控，用绿网遮挡开采区域及临时工棚，将大量盆栽苗木简单覆土，甚至直接摆放在场地，搞"盆栽式复绿"等问题的出现。实践中，由于没有明确的验收标准，最终验收结果多以验收专家组的主观论断为主，是否真正达到标准无从考证。而专家组在验收的过程中，如土地复垦的验收，多是根据各矿业权人在办理采矿权证时提交的《矿山地质环境保护与土地复垦方案》中的数据为准。而《矿山地质环境保护与土地复垦方案》是矿业权人自己制定并提交的方案，且这个方案的制定，仅仅针对该矿山项目，不符合山水林田湖草沙整个生态系统。验收主体构成单一也是验收制度中存在的问题，当前主要的验收主体由国家行政主管部门牵头、部分拥有相关资质的专家学者共同参与的模式，也有部分地区拥有专业的第三方机构，这也是目前实践中积极提倡的。生态修复工程往往周期性长、专业性强，单一的验收主体并不利于验收结果的准确性和正确性，且由于缺乏监督机制，验收主体过于单一还容易滋生贪腐问题，最终无法形成达标的生态修复工程。有学者认为可以适当地引进生态修复地区的居民和环保公益性组织共同参与进来。

（二）资金保障制度不完善

生态修复的资金来源可以说是生态修复能否落到实处的重要保障，它的制度完善与否更是至关重要。目前，我国露天矿山生态修复主要包括在建矿山和因历史遗留问题废弃矿山的生态修复两类，笔者从这两类矿山分别对资金制度进行分析。一方面是在建矿山的资金主要来源于矿山企业，2019 年最新修订的《矿山地质环境保护规定》出台以后，对矿山生态修复的资金来源予以规定，取消了过去的"地质环境恢复治理保证金"，取而代之的是计提基金的形式，由企业主自行使用，主要根据《矿山地质环境保护与土地复垦方案》中确定的预算，根据工程进度，将计提基金用于在建矿山的环境治理恢复和土地复垦。矿山企业自己在银行账户中设立专门的企业基金账户，并单独反映基金的提取情况，把原来由财政统一管理的保证金以基金形式存在，由企业自主使用。这一规定的出台，一定程度上减轻了企业的运行负担。但是，在实际操作中，目前国家并没有统一的相匹配的基金管理办法出台，仅有河北、浙江、福建、广东、内蒙古、湖南共 6 个省份出台地方制度，其余省份均没有明确的基金计提规定，且只有浙江省出台的《浙江省矿山地质环境治理恢复与土地复垦基金管理办法（试行）》明确细致到不同的矿山具体计提规则。那么在一定程度上，这一规定的变革就显得有点青黄不接。并且，根据矿产资源规划，大部分矿山开采年限已不足 2 年，到期关闭。加之矿山生态修复建设资金投入大，企业业主信心不足，存在不愿投入的思想。笔者经过调研走访发现，在受调查的 27 家矿山业主中，2019 年度投入生态修复的资金占全年营业收入的比重不到 2%，极为有限，根本不足以支付修复费用。另一方面，废弃露天矿山生态修复的资金制度较为复杂，主要体现为资金来源单一。《矿山地质环境保护规定》中规定的基金计提资金来源方式仅限于在建矿山，矿业权人仍然存续，生态修复主体明确的前提下。但是，由于各种历史原因，我国目前存在大部分废弃露天矿山，尤其是在沿江经济带，2019 年自然资源部办公厅出台了《关于开展长江经济带废弃露天矿山生态修复工作的通知》，进一步说明这些废弃矿山生态修复的严峻性。而这些矿山几乎是从计划经济时期遗留下来的国有矿山，一般都是根据统一调度安排生产，无论是政府主管部门还是开采的矿山企业，在开采过程中，都缺乏生态环境保护的意识，后来随着历史原因，大部分矿山被取缔，留有不同程度的生态环境问题。这部分矿山企业在开采过程中取得的利润几乎都上交给国家用于发展，并没有相应的生态环境的修复资金。当矿业权人和生态修复主体灭失，这部分废弃矿山的生态修复资金来源主要是财政转移支付和在建矿山缴纳的资源税费。但是在不同的地区，由于当地经济发展水平的差异，有些中西部地区的政府财政收入实际是很有限的，根本不足以支付给废弃矿山的生态修复。并且，资源税费主要列入了一般性财政收入，用于解决级差收入问题，根本无法满足这些露天废弃矿山的生态修复需求。

（三）缺少参照生态系统背景调查制度与对照监测制度

生态修复所需信息源于一系列部门和学科。当前进行的地质环境调查、土地调查、草原调查、森林调查监测、野生动物及其栖息地调查监测、湿地调查监测、环境监测等，均为单要素调查监测。矿山生态修复中参照系统的选择与修复模式的建立需要系统的、区域性强的综合调查信息，需要将碎片化信息进行整合。

目前，矿山企业在编制《矿山地质环境恢复与土地复垦方案》过程中所做的只是简单的前期调查，深度还达不到生态修复的要求。关于参照生态系统背景调查，还没有法律规定或规范指导。由于缺乏系统完整的基础背景数据支撑，矿山生态修复易出现修复目标导向不合理、评估不全面、指标设置不科学情况，不利于开展目标清晰的生态修复动态监测，也无法为适应性调整与实施效果跟踪评估提供科学有效的依据。

（四）监管制度不完善

监管制度即政府职能部门对于影响露天矿山生态环境的各项行为进行调控的监督管理活动，目前这一监管制度仍然是不完善的，主要体现在以下三个方面：一是存在监管部门多，职责划分不明的问题。对露天矿山有监管职能的政府部门包括自然资源部门、水利部门、环保部门、应急管理部门等，这些职能部门在监管中往往服从于自己部门的利益，只是从本部门的职责出发，这种利益冲突往往导致缺乏沟通合作，出现推诿现象，九龙治水最终导致无龙治水的"公地悲剧"。在推进中，各部门难形成动态监管协同机制，致使生态修复建设的效果不明。二是存在执法力度弱，政策干预过多的问题。矿山企业由于高额的利润，往往给当地政府经济提供了重要的支撑。而这部分拥有执法权的政府部门从属于地方管辖，往往也无法做到绝对的依法行政、严格执法。其次就是环保部门作为最主要的执法部门，缺乏法律赋予的强制执行权力。笔者在前文的调研中了解到，行政执法往往以罚款为主要手段，在实践中往往力不从心，无法达到治理的效果，尤其对破坏掉的生态环境本身没有强硬有力的手段进行管控。三是存在监管法律依据过于陈旧，跟不上时代更迭速度的问题。作为我国矿业管理核心的部门法，《矿产资源法》的制定停留在 1986 年，虽然在 1996 年和 2009 年进行过两次修改，时隔数十年，国家的变化日新月异，经济发展水平不断提高，物价水平也不断攀升。现如今开采矿产资源的违法成本与过去相比，显得"微不足道"，不足以震慑那些违法经营的矿山企业。《矿产资源法实施细则》作为行政部门执法的重要依据，罚款金额大小的规定，与矿石的高利润相比，只占了很小的一部分，这使得矿业权人的违法成本极低。

（五）公众参与制度不完善

生态环境本就是属于全人类共有的资源，其公共资源属性决定了它的"悲剧"性质。矿山开采活动对生态环境的破坏是不可逆的，也是巨大的，影响到了每一位公众的利益，尤其是矿区周边居民的生产生活都受到严重的影响。我国《环境影响评价法》中明确规定了国家是鼓励公众参与环境影响评价的；《环境影响评价公众参与暂行办法》第三条规定"环境保护行政主管部门在审批或者重新审核建设项目环境影响报告书过程中征求公众意见的活动，适用本办法。"都明确鼓励公众参与矿区的管理。但是并没有相应的具体实施细则，对于监督主体、具体操作流程，即要求、参与的规模和范围等都没有具体的规定。那么导致在实践中很难操作。并且，由于宣传等力度的缺乏，公众对于并不切身的利益以及长远的、暂时看不见的利益往往缺乏热情。就算有比较关心的公众想要参与进来，可是又往往因为不知道具体的方式和操作流程，无法通过正当的合适的方式参与进来，有时甚至引发各种矛盾。

四、矿山生态修复法制存在问题

（一）法律法规不健全

在矿山生态修复方面，现有法律规定存在着内容缺失的问题，主要表现为验收标准、恢复治理方案规定不明晰。矿山生态修复是十分复杂的工程，涉及水、大气等诸多环境要素，只有具备明晰、严格的验收标准才能对矿山生态修复进行指导，并对修复成果进行检验。然而，目前我国各项标准分散于不同的法律规范中，不具备统一全面的衡量标准。

虽然矿山生态修复涉及诸多环境要素，但在矿山生态修复的验收技术方面并没有针对单一环境要素设立具体的国家标准，太过笼统。在行业标准方面，矿山生态环境保护与污染防治技术政策区分了不同开采方式，如露天开采、水力开采等。

除此之外，对选矿技术也进行了规定，但以鼓励性条款为主，并没有强制力；治理方案编制规范的出台虽然对采矿人的义务进行了规定，但需要相关部门指导采矿主体编制方案，对政府部门的要求较高，在治理方案的制定方面要有更明确的指导意见。

（二）生态修复立法体系分散

2021年1月1日实施生效的《中华人民共和国民法典》（以下简称《民法典》）中关于生态修复予以了明确的规定，首次在基本法中明确"生态修复"的概念，凸显了生态环境的独立价值，是环境资源恢复性司法理念的具体化，同时也为生态环境修复责任确立了新规则。但是，《民法典》中多为原则性规定，具体操作性不强。且目前，我国并没有一部专门的生态修复法律，更没有针对露天矿山生态修复的专门性立法。对于生态修复的规定都是散见于其他的行政法规和政策性文件中，各部门法的起草者归属于不同的部门管辖，多为部门各自利益服务，受到行政命令和体制的制约，导致制定的部门规章之间相互重叠，部分条款还存在相互矛盾，实践性不强，缺乏系统性。例如，国务院行政法规《矿产资源开采登记管理办法（2014修订）》中规定，采矿许可证的有效开采年限根据矿山规模大小一般为10年至30年不等。2019年9月，自然资源部办公厅发出《关于政策性关闭矿山采矿许可证注销有关工作的函》，导致原本一般为 10 年至 30 年的采矿出让年限，5 年内即政策性关停，这种以文件形式的关停，与《矿产资源开采登记管理办法（2014 修订）》和《矿产资源法》的规定实际是不相符合的。再如，《安全生产许可证条例》中规定，应急管理部门核发的"安全生产许可证"的有效期为 3 年，《矿产资源开采登记管理办法（2014 修订）》中规定，自然资源部门核发的"采矿许可证"的有效期为 10 年至 30 年。作为矿山开采最重要的两项行政许可，时限并不一致，矿山企业在实践中，每年只有半年时间可以开采矿产资源，剩下半年时间用于矿山企业审核办理"安全生产许可证"。这样的规定看似会对矿山企业形成更好的监管制度，将开采时间缩短就会导致开采量的减少，也算是变相地保护了矿山资源。然而在实践中，却往往导致大部分矿山企业会在半年时间里急剧加大开采量，没有精力完成对已开采矿山的复绿复垦等生态修复工作。我国有关矿区生态修复的法律法规，在中央层面有《中华人民共和国矿产资源保护法》《土地管理法》《土地复垦条例》《中华人民共和国环境影响评价法》等；在地方立法层面中，以湖北省为例，有《湖北省环境保护条例》《湖北省农业生态环境保护条例》《湖北省生态保护红线管理办法（试行）2016》《湖北省水污染防治条例》《湖北省矿山地质环境恢复治理备用金管理办法》等。此外，还有部分未上升为法律规范的政策规定，且在实践中，多使用这些政策性的规范。虽然《环境保护法》提出完善生态修复制度，但对于生态修复缺乏充足的法律规定支撑，过于原则性。在环境保护单行法中的相关规定，实际可操作性不强，在地方性法规中，虽然存在关于生态修复的规定及相关配套措施，但法律效力不高。我国矿区生态修复方面法律法规的立法理念和法律体系上的不足，严重地制约了生态修复工作的开展。总体而言，在环境保护基本法中，我国关于矿山生态修复方面的法律效力等级相对较低。

第四章 矿山环境污染与防治

近些年来，我国社会经济飞跃发展的同时，矿产资源开采力度也不断增强，矿山环境遭到巨大的影响。我国对矿山地质环境的保护与治理工作起步时间较晚，众多开采中和废弃关停的矿山未进行环境保护和治理工作，导致地貌生态破坏、危岩崩落、水土流失等地质环境问题频发。本章分为矿山大气污染及其防治措施、矿山水污染及其防治措施、矿山噪声污染及其防治措施、矿山固体废物污染与资源利用四部分。

第一节 矿山大气污染及其防治措施

一、矿山大气污染的相关概述

（一）大气污染的定义

大气污染通常是指由于人类活动或自然过程引起某些物质进入大气中，呈现出足够的浓度，达到了足够的时间，并因此而危害了人体的健康和福利或危害了生态环境的现象。

人类活动，既指生产活动，也指诸如做饭、取暖、运输等生活活动。自然过程包括火山活动、森林火灾、海啸、土壤和岩石的风化以及大气气流运动。通常，在一段时期内，自然产生的空气污染会被自动清除，从而实现生态系统的自我修复。因此，空气污染在很大程度上是由人类活动引起的。

大气污染对人体健康造成危害，包括对人体的正常生活环境和生理机能产生影响，引起急性病、慢性病甚至死亡等；福利是指与人类协调并共存的生物、自然资源以及财产、器物等。

（二）大气污染源

大气污染源从总体上分为自然污染源和人为污染源。由森林火灾造成的烟尘，火山喷发产生的火山灰、二氧化硫，干燥地区的风沙等自然因素引起的称为自然污染源。除此之外，由人为因素产生的污染源称为人为污染源。环境科学研究的大气污染源，主要是人为污染源。

根据不同研究目的以及污染源的特点，污染源有不同的分类。

首先，按污染源存在形式分为以下几种类型。

固定污染源：排放污染物的装置、场所位置固定，例如，火力发电厂、烟囱、炉灶等。

移动污染源：排放污染物的装置、设施位置处于运动状态，例如，汽车、火车、轮船等。

其次，按污染物的排放空间分为以下几种类型。

高架源：在距地面一定高度处排放污染物，例如，高烟囱。

地面源：在地面上排放污染物，例如，居民煤炉、露天储煤场等。

最后，按污染物产生的类型分为以下几种类型。

工业污染源：包括工业用燃料燃烧排放的污染物、生产过程排放废气、粉尘等。

农业污染源：农用燃料燃烧的废气、有机氯农药、氮肥分解产生的一氧化氮等。

生活污染源：民用炉灶、取暖锅炉、垃圾焚烧等放出的废气。

交通污染源：交通运输工具燃烧燃料排放废气。

（三）大气污染的危害及影响因素

1. 大气污染的危害

大气污染的危害是当前主要的环境问题之一，主要表现在对人类健康、农作物和气候变化的影响。如今，环境与健康的问题已成为全球关注的重大问题。大量流行病学证据表明，环境空气的污染会引发相关疾病，全球 90% 以上的人口受空气中有害物质的影响，空气污染每年导致数十亿人的健康受到损害，约 700 万人死亡。

近年来，有众多学者开始对空气污染与疾病的相关性开展了研究，结果表明，当吸入体内的二氧化硫浓度超过 5 毫克/千克时，会对人体呼吸道黏膜产生很强的刺激，破坏身体组织功能，导致呼吸困难，长期吸入可导致支气管炎、肺炎、水肿、呼吸麻痹等疾病；二氧化氮在紫外线照射下形成强刺激性的光化学烟雾，这些烟雾进入人体对器官造成损伤的同时，也会对动植物造成影响；PM10 可以通过人类或者动物的呼吸系统进入肺部，参加整个体系的血液循环，累积在呼吸系统中，损伤呼吸系统，诱发哮喘，引起慢性鼻咽炎等，对健康造成危害。此外，PM10在空气中浓度过高会损害人体组织正常功能的发挥，对人体系统造成非常大的影响，同时，PM10对人体带来的影响与颗粒物自身的尺寸、浓度、可溶性等有很大关联；PM2.5与上呼吸道感染和心脏病等存在紧密联系，浓度的提高会增加其发病率，且长期暴露于一定高浓度的环境中会严重影响人体健康；环境空气中一氧化碳的浓度超过一定限值时，会与血液中的血红蛋白结合，使血红蛋白不能与氧气结合，导致人体窒息死亡；臭氧是环境空气常规监测指标中唯一的二次污染物，主要通过光化学反应产生，可能诱发癌症，严重威胁人体健康；恶性肿瘤发病与PM2.5、PM10、二氮化硫、臭氧等大气污染物均呈现出显著相关性。环境污染也是引发肾脏疾病的重要危险因素，尤其是大气污染及气候因素对肾脏健康的影响不可忽视。大气颗粒物及气态污染物暴露与肾脏疾病的发生、肾功能下降及患者的不良预后密切相关。

　　大气污染还可能引发一系列生态环境问题。二氧化氮、二氧化硫等在与空气接触的过程中发生酸沉降，形成酸雨，对土壤、植物、建筑等产生破坏，二氧化氮还能导致近地面臭氧、光化学烟雾等形成；植物长期处于高浓度二氧化硫环境中，会导致植物体内亚硫酸根离子浓度过高，影响叶片组织生理机能，进而导致叶片枯萎直至死亡；大气中的PM2.5由于其颗粒较小，可以在大气中滞留很长时间，随大气传播距离越远，对环境的危害越大，同时，PM2.5作为一种微小颗粒，很容易吸附重金属等，一旦进入人体和动物的呼吸道，会产生不良影响，如果随着雨水进入土壤，将会对土壤造成不可挽回的损害；此外，颗粒物会吸收太阳辐射散发的热能，导致整个大气层上空的温度显著升高，极大程度地降低了地球表面温度，进而导致对流层不稳定，大量的颗粒物还能削弱该地季风，增加区域大气污染的持续时间；早在20世纪50年代，美国就已将臭氧作为影响人类身体健康最大的污染物，并且发现许多城市的臭氧浓度都超过美国国家环境空气质量标准（NAAQS），有研究结果表明，臭氧主要来源是平流层直接向下运移以及对流层间接的光化学反应；在夏季，城市周边的植被茂盛区域，近地面臭氧迅速形成和积累，不仅对人眼、呼吸道等产生侵蚀和损害，而且对农作物或森林也有不利影响。除此之外，臭氧在对流层中累积还能形成温室效应，从而导致气候变暖，海平面上升等一系列生态环境问题。

　　2. 大气污染的影响因素

　　空气质量影响因素一般分为自然因素和人为因素两大类。其中，自然因素主要以气象因子为代表，例如，气温、降水、相对湿度、风速以及气压等；人为因素主要以社会经济发展因素为代表，例如，第二产业比重、GDP 生产总值、城镇化程度、人口密度、能源消耗总量等。

二、矿山大气污染的防治措施

（一）矿山井下空气的防治措施

1. 矿井有毒有害气体的防治措施

在矿井发生事故时，工人在接触到有毒气体或在低氧情况下，必须及时进行急救，以保证其生命安全。中毒时应采取以下措施：第一，立即将中毒者转移到通风地方和地面。第二，清除中毒者口腔内所有阻碍呼吸的物品，如假牙、黏液、泥土，并解开衣领和皮带。第三，保持中毒者的体温。第四，向中毒者输送氧气，以快速清除中毒者体内的毒素。

2. 矿井柴油设备尾气的防治措施

针对井下柴油机排放的尾气，应从净化尾气、加强通风两个方面着手。采用上述方法，可以将尾气中的有害物质控制在一定范围内。

（1）净化尾气

净化尾气可划分为机内和机外两种。前者主要是为了控制污染物，减少尾气排放，而后者则是为了对产生的有害物质进行进一步的处理。

机内净化是整个净化过程中最基本的环节。包括以下流程：第一，正确选择机型。为了保护井下的大气环境，最好选择涡流式柴油机燃烧室。第二，推迟喷油延时。其主要目的是降低氮、氧与燃料的接触时间，降低氮、氧化合物的产生。第三，选择高标号的柴油，并注意柴油及机油系统的清洁，严禁在井下使用汽油机。第四，加强维护，确保发动机的完好率，尤其是滤清器和喷油嘴的清洗，避免堵塞。第五，请勿超载或满载作业。在满载和超载工况下，发动机排气的浓度和排气量都有明显的上升趋势。

机外处理常用的方法有三种。第一，催化法。催化技术是通过在催化剂的催化作用下，将尾气中的一氧化碳、碳氢化合物、含氧碳氢化合物等，通过汽车尾气中残余的氧和废气进行高温氧化，从而形成无毒的二氧化硅和水。第二，水洗法。根据废气中的二氧化硫、三氧化硫、醛类及少量氮化物可溶解于水的性质，使废气用水洗涤废气，可达到进一步除去以上气体的目的，并能将烟气中的炭黑吸附在水中。第三，排气循环法，排气循环法是将来自发动机气缸内燃烧室排放的 20% 左右的排气与空气进行混合，然后再循环进入气缸内，这样可以减少二次排放废气中的氮化物浓度，从而达到净化的目的。

（2）加强通风

搞好井下柴油机设备通风管理，在现有技术条件下，虽然对柴油机排放的废气进行了机内、外两次净化，但最终排放的废气浓度还是超出了国家规定的排放标准。因此，要注意以下几点。

第一，在使用柴油机的各个作业场所或操作区间，均应设置单独的出风装置，以避免污染空气的串联。

第二，在每个工作场所都要设置贯通风流，在无法达到贯通风流的情况下，应安装局部风扇，使其排放的污风能够有效进入回风系统。

第三，采用抽吸式或抽吸式混合通风，尽量不在进风道上安设风闸门和通风结构，以便对柴油机的操作和通风进行管理。

第四，柴油机的布置不能太密集，也不能太分散，各地区的柴油机的数量应该是比较稳定的，这样才能更好地分配和管理。

第五，柴油机重载操作方向最好与气流方向相反，以便利用气流加速稀释和提高驾驶员的工作环境质量。

（二）露天矿大气污染的防治措施

由于露天开采强度大，机械化程度高，而且受地面条件影响，在生产过程中产生粉尘量大，有毒有害气体多，影响范围广。因此，在有露天矿井开采的矿区，防治矿区大气污染的主要对象是露天采场。

1. 穿孔设备作业时的防尘措施

钻机产生粉尘的能力仅次于输送机械，在整个生产设备中排在第二。在不采取防尘措施的情况下，钻机钻孔周围大气中尘埃浓度平均为 448.9 毫克 / 立方米，最高为 1 373 毫克 / 立方米。因此，穿孔设备作业时的防尘措施是非常有必要的，具体的措施有以下几点：根据是否使用水，可将除尘方式分为干式、湿式、干湿结合式三种，并根据不同的情况，因地制宜地选择合适的方式。

干式是在钻头上安装一个袋式收尘器。袋式集尘不会对钻机的钻孔速度及使用寿命产生影响，但是由于配套设施多，维修不便，容易产生二次粉尘堆积。湿式，以风水混合法为主。尽管该方法具有设备简便、操作简便等优点，但是在低温环境中应用时，应采取相应的防冻措施。干湿相结合式是将少量的水注入钻头中，从而让微细粉尘能够凝聚在一起，然后用旋风除尘器来收集。

2. 矿（岩）装卸过程中的防尘措施

电铲在装载矿石的火车或车辆时，会产生二次粉尘，随风吹入采场的空间。卸货时产生的粉尘量与矿石的硬度、天然含湿量、卸载高度、风流速度等一系列的影响因素有关。在装卸过程中可以封闭驾驶室，或使用专用除尘设备。

对于硬质岩石，最好使用水枪进行冲刷；在挖掘松散且易扬的岩石土壤时，最好使用喷头。岩石预湿是一种非常有效的防尘措施，在露天矿山，可以利用管道内的水压，或移动、固定式喷泉，也可以采用振动器、脉冲发生器等，利用水力将岩石打湿。

3. 大爆破时的防尘措施

大爆破不但会产生大量的粉尘，而且会造成严重的环境污染，尤其是在深凹型露天矿山，特别是在逆温条件下，会造成严重的环境污染。在露天矿山进行大爆破作业时，主要采取的是湿法。合理布置炮孔，采用微差爆破，科学地装药、充填，对降低烟尘、有毒气体的产生量具有十分重要的作用。

在大爆破之前，对矿体或地表喷洒水，既能使矿体表面湿润，又能使水透过矿石的裂缝进入矿体。在预爆区打孔，并用水泵对矿井进行高压注水，增大湿润范围，有利于提高湿润效果。

4. 露天矿运输路面的防尘措施

露天矿山道路上的尘土产生的大气污染是不容忽视的。其粉尘的产生与路面状况、汽车行驶速度、季节干湿度等因素密切相关。无论是在驾驶室还是道路上，空气中的灰尘浓度都会有很大改变，如果没有相应的措施，天气和道路状况会造成很大的影响。当前，针对车辆表面灰尘二次飞扬的防治措施，主要有以下几点：

第一，路面洒水防尘。通过洒水车或沿路面铺设的洒水器向路面定期洒水，可使路面空气中的粉尘浓度达到容许值，但其缺点是用水量大，时间短，花钱多，且只能夏季使用。还会使路面质量变差，引起汽车轮胎过早磨损，增加养路费。

第二，喷洒氯化钙、氯化钠溶液或其他溶液。如果在水中掺入氯化钙，可使洒水效果和作用时间增加。也可用颗粒状氯化钙、食盐或两者混合处理汽车路面。

5. 采掘机械司机室的空气净化

在机械化开采的露天矿山，主要生产工艺的工作人员，大多数时间都在各种机械设备的司机室里或生产过程的控制室里。由于受外界空气中粉尘影响，在无防尘措施的情况下，钻机司机室内空气中粉尘平均浓度为 20.8 毫克 / 立方米，最高达到 79.4 毫克 / 立方米；电铲司机室内空气中粉尘平均浓度为 20 毫克 / 立方米。因此，必须采取有效措施使各种机械设备的司机室或其他控制室内空气中的粉尘浓度都达到卫生标准，这是露天矿防尘的重要措施之一。采掘机械司机室空气净化的主要内容有以下几点：第一，保持司机室的严密性，防止外部大气直接进入室内；第二，利用风机和净化器净化室内空气并使室内形成微正压，防止外部含尘气体的渗入；第三，保持室内和司机工作服的清洁，尽量减少室内产尘量；第四，调节室内温度、湿度及风速，创造合适的气候条件。

6. 废石堆的防尘措施

在干燥、刮风季节，废石堆和尾矿池也是造成粉尘污染的主要来源。工作台的台阶上也会有大量灰尘飞扬，造成了严重的风尘污染。对飞扬材料进行覆盖是一种有效的防尘方法。覆盖剂与废石之间有一种黏性，通过化学键和物理吸附，在废石上形成一层薄薄的外壳，防止风吹雨淋和日晒。

第二节　矿山水污染及其防治措施

一、矿山水污染的相关概述

（一）水体的概念

水体是指"贮水体"，包括河流、湖泊、海洋、冰川和地下水等。从自然地理的观点来看，水是由地面上的水所构成的一个天然复合体。从这一点可以看出，水体不仅包含了水自身，也包含了浮游物、底泥、水生生物等。一般情况下，水体中的重金属浓度并不高，仅从水的角度来看，没有被严重污染。

（二）矿山水污染的来源

1. 地表水及大气降水污染

矿区及周边工厂废气，裸露的煤、可燃矿物、排土场排放的煤矸石及可燃贫矿的自燃均会向空气中释放大量有毒有害物质，随大气降水进入浅部含水层造成污染；处理不当的居民生活污水以及工农业污水排放至地表或者河流水库后通过灌溉、塌陷坑积水等方式下渗造成浅层地下水大面积污染。

2. 地表固体堆积物污染

大气降水或地表水对矸石山淋滤后产生的淋滤液含有大量污染因子，是造成矿区范围浅层地下水污染的重要原因。闭坑矿山通常伴随着巨大的矸石山、废料场等地表固体堆积物，这些堆积物经过风化作用，再结合淋滤时间、温度以及淋滤溶液酸碱度等条件，产生的淋滤溶液能够造成该地区地下水中重金属及其他微量元素等十余种元素的超标。矸石山长期存在使得此类淋滤污染具有长期性的特点。

3. 深部高承压水顶托补给污染

深层受污染地下水可以作为浅层地下水的污染源。原理是深部的高水头承压水回弹经过闭坑矿井空间受到污染后，同时水头高于浅部含水层水位向上补给造成污染。这类污染情况多见于我国华北地区的闭坑矿井。

4. 深层地下水污染

矿山闭坑后深层地下水被污染的途径主要有以下几种。

一是由于闭坑矿井地下水位回弹，重新涌入采掘空间及巷道等区域发生一系列物理、化学、生物作用，造成矿井水污染。

二是浅部含水层污染水通过天窗、封闭不良钻孔等方式补给深层含水层。

三是污染矿井水回弹后水位高于深层承压水位，从而向下补给。在实际矿井环境下，深层矿井水的污染往往是物理、化学、微生物作用同时发生、相互结合、共同作用的结果，而目前对于矿井水污染因子成分和形成特点的研究还较缺乏，对影响水质演化的主要因素和主控作用还需进一步研究。

二、矿山水污染的防治措施

（一）利用碱性废水、废渣中和

这种方法可以同时去除碱液和酸液，是一箭双雕的好办法。当附近有电石厂、造纸厂等排放碱性废水、滤渣时，可将其回收。以龙游黄铁矿选矿厂为例，将酸性工艺改为碱性工艺，尾矿水变成碱性，并与矿区酸性水一起排入河道，以达到天然中和效果，从而改善了受污染的水质，并保证了下游 2 公里范围内的鱼类仍然在生长。

（二）加石灰和石灰乳中和

该工艺对酸度和碱度没有限制，但由于沉淀物多、费用高，难以治理。针对向山黄铁矿与处理矿山酸性水相结合的问题，提出了将该工艺改造为碱式工艺，不仅解决了矿山排放的酸性废水，而且改善了精矿的品位，提高回收率。

（三）用具有中和性能的滤料进行过滤中和

可作为过滤中和的物料有石灰石、白云石和大理石等。目前，国内外厂矿企业对酸性水作过滤中和时，常采用的设施有以下几种。

1. 普通中和滤池

用粒径较小的石灰石作滤料，可处理硫酸含量不超过 1.2 克 / 升的废水。因中和反应的生成硫酸钙在水中的溶解度小，经常沉积在滤料表面，致使滤料失去过滤中和的能力、影响其效果。

2. 升流式膨胀滤池

它是在普通中和滤池基础上进行改进的滤池。可处理硫酸含量不超过 2 克 / 升的废水。其特点是滤池体积小、管理操作简便。酸性废水在池底以 50 ～ 70 米 / 秒速度向上通过滤料，使粒径为 0.5 ～ 3.0 毫米的石灰石呈"悬浮"状态不断地翻滚，互相碰撞摩擦，使过滤中和生成的硫酸钙不易在滤料表面沉结、效果稳定。

第三节　矿山噪声污染及其防治措施

一、矿山噪声污染的相关概述

（一）噪声的概念

噪声是一种具有声学特征的声波。在物理上，噪声是一种杂乱无章的声响，它的强度和频率都没有规律。一般而言，人类用不着的声音就是噪声。钢琴的声音很好听，但是如果有人在睡觉或者读书，那就会变成噪声。根据噪声的来源，可以将其划分为：空气动力噪声、机械噪声、电磁场噪声。

空气动力噪声是由气流中存在漩涡或压力突然变化所致，如凿岩机、风机、空气压缩机等所产生的噪声。机械噪声是指由于碰撞、摩擦和交变的机械应力引起金属板、轴承、齿轮等震动，如球磨机、破碎机、电锯等。电磁场噪声是由电机、变压器等引起的磁场脉动和磁场伸缩引起的电子元件振动。另外，在矿井中存在着爆破的脉冲噪声。

根据频谱特性，噪声可以分为有调噪声和无调噪声两类。有调噪声指的是具有很明显的基本频率和与基频相关的谐波，这些噪声主要来自风扇、空气压缩机等转动机械。无调噪声是指在脉冲爆破、排气放空等基础频率及谐波不显著的噪声。

（二）矿山噪声的来源与特点

1. 矿山噪声的来源

矿山中有许多噪声源，按其发生位置的不同，可将其划分为矿井地表噪声源和矿井噪声源。矿井地面噪声的来源是通风机房，压风机房，锅炉房，主、副井绞车室，木材厂，机修厂，选矿厂，露天矿等；矿井噪声来自凿岩、爆破、采煤、局部通风机械、运输、提升、排水等生产工艺。

2. 矿山噪声的特点

第一，噪声源多、机械设备噪声强度大、声级高、干扰时间长。矿采设备噪声大都在 85 分贝（A）以上，超过 90 分贝（A）的机电设备达 25 种之多，其中超过 105 分贝（A）的高噪声设备达 10 余种。

第二，噪声频率范围宽，频谱较复杂。采矿及选矿设备噪声频谱一般集中在 31.5 ～ 8 000 赫兹范围内，这表明矿山设备的噪声频率范围宽。有的设备包含低频（300 赫兹以下）、中频（300 ～ 800 赫兹）和高频（800 赫兹以上）噪声；也有的设备以中、高频或低、中频噪声为主。频带宽的噪声其控制技术要求较高。

二、矿山噪声污染的防治措施

（一）从声源上根治噪声

首先，选用合适的材质，改善机械结构，以降低声音的强度，如钢、铜、铝等，其内部阻尼、内摩擦较小，对振动能量的消耗较小。因而，由上述材料制成的零件在受到激励的情况下，其表面会产生强烈的噪声。而使用高内耗的大聚合物或高阻尼合金，则是另一种情况。可以通过改进设备结构降低噪声，如风机叶片形式不同产生的噪声大小有较大差别，若将风机叶片由直片形改成后弯形，可降低噪声约 10 分贝（A）。通过改变传动装置也可以降低噪声。从控制噪声角度考虑，应尽量选用噪声小的传动方式。如将正齿轮传动装置改用斜齿轮或螺旋齿轮传动装置，用皮带传动代替正齿轮传动，或通过降低齿轮的线速度及传动比等均能降低噪声。

其次，通过改善工艺、运行方式来降低噪声，改善生产工艺、运行方式是降低噪声的又一手段。例如，采用低噪声的焊接来替代高噪声的铆接；采用水力替代高噪声的冲击；用喷气式织布机取代有梭织机等，可以达到降低噪声的目的。

最后，改善零件的加工精度，提高组装质量，在使用过程中降低噪声，由于机械零件之间的碰撞、摩擦或由于不良的动平衡而引起噪声增加。可以通过改善零件的加工精度、机械组装的质量、润滑良好、平时注意检修等措施来减少噪声。

（二）在噪声传播途径上降低噪声

目前，由于技术水平、经济等方面原因，无法把噪声源的噪声降到人们满意的程度，那么，就可以考虑在噪声传播途径上控制噪声。在总体设计上采用"闹静分开"的原则是控制噪声较有效的措施。例如，在城、镇、产业开发区的规划时，将机关、学校、科研院所与闹市区分开；闹市区与居民区分开；工厂与居民区分开；工厂的高噪声车间与办公室、宿舍分开；高噪声的机器与低噪声的机器分开。这样利用噪声在传播中的自然衰减作用，缩小噪声的污染面。

此外，还可因地制宜，利用地形、地物，例如，山丘、土坡、深堑或已有建筑设施来降低噪声作用。利用噪声源的指向性合理布置声源位置，可使噪声源指向无人或对安静要求不高的地区。

另外，绿化不但能改善环境，而且具有降噪作用。种植不同的树木，利用树疏密及高低的合理配置，可达到良好的降噪效果。当利用上述方法仍达不到降噪要求时，就需要在噪声传播途径上直接采取声学措施，包括吸声、隔声、减振、消声等噪声常用控制技术。各种噪声控制的技术措施，都有其特点和适用范围，采用何种措施，视噪声源的实际情况，参照有关标准，综合考虑技术、经济因素进行选定。

（三）在噪声接受点采取防护措施

当其他技术手段都不能降低噪声，或只有小部分人在工作的时候，采取自我保护是一种既经济又有效的方式。常见的防声罩有耳塞、防声棉、耳罩、头盔等。它的作用是将噪声隔绝在每个人的耳朵里，起到保护耳朵的作用，还可以预防神经、心血管、消化等系统的疾病。

第四节　矿山固体废物污染与资源利用

一、矿山固体废物的相关概述

（一）固体废物的概念

固体废物是在生产生活中针对某一过程或某一方面不具有应用价值，而不是说固体废物真的就是一无是处的垃圾。有的时候因为产品的使用寿命达到年限，即使是可以继续使用，但是产品具有不稳定性，也会被标志为垃圾处理掉。固体废物不是真正地被淘汰的垃圾，只是已不具有本身的功能性，但在其他地方也许有别的用途，可以被另一种产品的生产所使用的，所以也可以将他们定义为"放在错误地方的原料"。

固体废物的随意处置、堆放会对环境造成非常严重的污染。对于水体结构的污染：固体废物中的有害物质会随着雨水流入附近的水源中，对水源造成污染，当被污染的水源随着河流流到其他的江河中，将会造成大面积的污染，导致水体生物死亡，周围植物无法生长；一些固体废物部分为粉状或有毒物质，当有风天气时，粉尘随风飞扬，对周围的空气造成污染，如果人呼吸到粉尘会导致身体不适，长时间处在这种环境中还会导致死亡，粉尘落在周围的植物上，植物无法进行光合作用也会死亡，造成无法挽回的损失；微粒存在的固体废物在风的作用下，到处飞散，也会扩散到大气中，致使空气污浊，或者雾霾现象。

（二）矿山固体废物的概念

矿山固体废物是一种工业固体废物，它是指各种矿井在开采过程中，在建设井巷、开采过程、露天开采过程中产生的剥离物、废石、废渣等。在露天采矿时，必须将覆盖在矿体上的覆盖层和坡面（即剥落）预先进行剥离。在剥离作业靠近矿体的情况下，剥离物中常夹有少量的矿石。在井工采矿项目前期，为了修建主井、副井、风井广场等，还会产生大量的斜坡堆积物。矿区内没有工业价值的矿体围岩和夹石，统称为废石。通常，在矿井中，每1吨的矿石要生产2吨左右的废料。

（三）矿山固体废物的来源

根据《中国环境统计年报》数据显示，1999年我国工业固体废物产生量为7.84

亿吨，其中尾矿、煤矸石、粉煤灰、炉渣的产生量分别为 2.45 亿吨、1.53 亿吨、1.15 亿吨、0.963 亿吨。2001 年我国金属矿山尾矿的产生量分别为铁矿山 1.62 亿吨、有色金属矿山 0.65 亿吨、黄金矿山 0.29 亿吨。我国矿山开采产生的剥离废石量更惊人，且矿山开采的采剥比大，例如，冶金矿山的采剥比为 1：（2～4）；有色矿山采剥比大多在 1：（2～8），最高达 1：14；黄金矿山的采剥比最高可达 1：（10～14），我国矿山每年废石排放量超过 6 亿吨，仅露天铁矿山每年剥离废石就达 4 亿吨。

随着采矿的发展，固体废物的数量每年都在增加。1995 年，我国工业固体废物的产生量达 6.7 亿吨，其中，矿井直接排放约 3.4 亿吨；2000 年，我国工业固体废物的产生量达 7.5 亿吨，而矿井则是 3.7 亿吨；2020 年，我国一般工业固体废物产生量为 36.8 亿吨，处置量为 9.2 亿吨。

二、矿山固体废物的综合利用

（一）矿山固体废物处理与利用的一般原则

合理处理和利用矿山固体废物，必须遵循以下几个基本准则。

首先，必须选择最佳的技术方案。要做到物尽其用，最大地发挥其资源效益；同时要尽量减少处理时对环境的污染。对于严重污染环境的尾砂，必须采用合理有效的方法进行处置。

其次，优先开发利用尾砂中的有价组分，提高经济和社会效益。固体废物中的有价组分，特别是一些稀散的有价组分，过去无法被选出利用，而在今天的技术条件下可以被回收和利用。因此，在固体废物处理过程中要优先考虑把这些组分进行回收利用，使这些废弃资源得到综合利用，确保资源的可持续发展。

最后，优先考虑先利用后处置的原则。无论是提取固体废物中的有价组分，还是对固体废物进行有效利用，均应优先考虑先利用后处置的原则，只有在无法利用时才选择填埋、堆放等处置方法，同时处理、处置固体废物还要特别注意防止二次污染。

（二）煤矸石的处理与利用

在土木工程领域，煤矸石作为骨料可用于制作混凝土砌块、砖、轻量化混凝土等低附加值建材。然而煤矸石骨料的高孔隙率会吸收大量水分，其低硬度易造成抗压强度差，因此，煤矸石骨料制备水泥基建筑材料的性能显著降低。除煤矸石的高孔隙率和低硬度特性外，煤矸石中还含有铅、铬、汞、砷、镉等重金属，重金属的淋滤严重污染地下水资源和动植物，当人食用被污染的动植物后，重金属以稳定性较强的化合物形式富集于人体，与酶作用生成配合物使酶失效，危害人体健康。由于煤矸石的缺点，要提高回收利用率就必须对煤矸石进行改性。虽然采用机械磨矿、微波加热、高温煅烧等方法强化，可提高煤矸石铝酸盐相的反应活性，但也会存在一些问题，这些方法不单单对煤矸石基体造成了一定破坏，而且消耗大量能源，不利于生态环境可持续发展。

上述方法均不能解决煤矸石高吸水率和重金属高浸出的问题，微生物诱导碳酸钙沉淀（MICP）技术可有效提高煤矸石回收利用率，成功提升了煤矸石骨料的性能、降低吸水率和解决重金属高浸出问题。此技术已应用于被重金属或放射性核素污染的土壤修复、固体废物中重金属的固定化以及建筑材料的制造等方面，带来了环境工程的新革命，在固体废物处理和土壤修复方面的应用潜力巨大。

1. 用煤矸石作燃料

煤矸石含一定量的碳和其他可燃物，是一种值得回收利用的资源。利用煤矸石作为燃料，可以通过回收煤炭，作为沸腾炉燃料，发电，生产煤气。通过目前的选煤技术（洗选或过滤等），可以对煤矸石进行再利用，尤其是在利用煤矸石生产水泥、陶瓷、砖瓦等建筑原料时，为了确保建筑材料的质量和生产运行的稳定性，必须将煤矸石中的煤进行清洗。目前，我国投入运行的沸腾炉超过2 000台，节省了大量的优质煤炭，经济效益也十分显著。

2. 用煤矸石作建筑材料

我国在用煤矸石制各种建筑材料的方法发展迅速，成为煤矸石资源化利用的一条最重要途径。

（1）生产水泥

由于煤矸石的化学成分和矿物组成与黏土相似。因此，利用煤矸石可以生产水泥，以代替部分或全部黏土。此外，煤矸石中还含有少量可燃物，所以煤矸石用于制水泥不仅可以代替黏土，节约土地资源，而且可以节约能源。

目前，我国利用煤矸石不仅能生产普通硅酸盐水泥和火山灰水泥，而且能生产双快水泥、大坝水泥等特种水泥。现在煤炭行业已有煤矸石水泥厂50多座，年生产能力达200多万吨。

（2）制砖

我国已将利用煤矸石烧结砖确定为资源化利用煤矸石的主要方向之一。目前，我国煤矸石砖年产量已达 200 亿块，年资源化利用煤矸石约 5 000 万吨，可节约土地 1 971.7～2 816.7 公顷，每生产 100 万块砌块砖可消耗煤矸石 11 万吨。煤矸石烧结砖是以煤矸石为原料替代部分或全部黏土烧制而成。煤矸石空心砌块是用人工煅烧或自燃的煤矸石，加入少量石膏、石灰磨细生成胶结料，并选用适宜的生矸石作粗细骨料经振动成型、蒸汽养护而成的一种新型墙体材料，产品标号可达 200 号。与红砖相比，这种材料自重轻、节省原料、成本低。煤矸石砖强度高、热阻大、隔声好，可减少建筑物墙体厚度，减少用砖量；同时由于煤矸石砖外观整洁，抗风化能力强，色泽自然，可以省去抹灰、喷涂等建筑工序，降低建筑和维护成本，与传统黏土砖相比有着更高的性价比和更强的市场竞争力。

（3）生产轻骨料

煤矸石生产的轻骨料和用轻骨料配制的混凝土是一种轻质、保温性能较好的新型建筑材料。煤矸石内所含可燃物质和菱铁矿在焙烧过程中析出气体起膨胀作用，同时其中又含有大量硅铝物质，因此是生产轻骨料的理想材料。用这种轻骨料配制的轻质混凝土重量轻、吸水率低、强度高、保温性能好，可用于建造大跨度桥梁和高层建筑物，用它作钢筋混凝土楼板，在配筋相同的情况下，跨度可由 4m 增至 7m，保温和防火性能也有改善，造价可降低 10%。

3. 在农业上的应用

煤矸石在农业上的应用主要为制作肥料。煤矸石含有大量有机质，含量（质量分数）一般在 15%～25%，高者可达 25% 以上，并含有植物生长所必需的硼、铜、锌、钼、锰、钴等微量元素和较大的吸收容量，这种煤矸石适宜制肥料。矸石肥料主要有两类：一类是有机—无机复合肥，另一类是煤矸石微生物肥料。

（三）矿山废石的处理与利用

在矿山开采过程中，无论是露天开采剥离地表土层和覆盖岩层，还是地下开采开掘大量的井巷，必然产生大量废石。目前我国剥离废石的堆存总量已达数百亿吨，是名副其实的废石排放量第一大国。

另外，矿山采出的矿石中也夹有大量废石，例如，金属和非金属矿每采 1 吨矿石将产出 0.2～0.3 吨废石，煤矿采掘和洗煤等过程中产生的煤矸石可达原煤产量的 70%。每年我国煤矿排矸量达 1 亿～2 亿吨，历年煤矸石堆积量已达 40 亿～50 亿吨。煤矸石是具有很大开发利用价值的二次资源，煤矸石的处理与利用也是矿业可持续发展的基础。

1. 废石的堆积处理

废石中所含的有用成分含量极低，不具有再利用价值。所以，通常采取堆积或填埋法进行处理，可以形成平整的土地，以此作为矿区的工业土地。废石山的堆积是一种常见的处理方式，就是将开采出来的废石通过吊车抬起，在斜坡上逐渐堆积，最终形成一个圆锥形的废石场地。

目前，大型露天矿山和中小型矿山都在使用堆积法。堆积法可以节省空间，方便搬运，便于管理。堆放地点应选择地势较低、较开阔的地方，以避免崩塌和泥石流的发生。填埋法是利用天然坑洼或人造凹坑填埋废弃石块，采用填埋法对其进行处理，可将其平整化。需要注意的是，填埋地上不宜修造建筑物和构筑物，要采取措施防止雨水浸泡填埋场，避免对地下水产生污染。

2. 利用废石造田

在采空区及河谷地带，利用废弃石料进行覆盖，可以为矿区增加更多的宝贵用地。同时，还可将废弃的石料与尾砂混合使用，但矿渣和尾砂都是纯粹的无机物质，没有基本的肥力，要覆盖、掺入土壤、施肥才能种植多种农作物。

3. 废石用作井下充填料

利用废弃石料充填矿井采空区，是一种既经济又普遍的方法。采空区的回填法主要有两种：一是采用直接回填法，将上、中部的碎石直接倾倒到采空区，这样可节省许多的抬高成本，且不占用采空区，但应采取相应的加固措施。多数矿井采用了回填法，使废石的提升量大为降低。

二是将废石抬出地面进行合理的粉碎，然后用废石、尾砂、水泥等混合回填采空区，能降低废石的占用。目前国内很多矿井都采取了此工艺来回填采空区。在矿井中设置一套充填体系，以便将废弃的石料和尾砂用于矿井的充填。

（四）煤泥的处理与利用

煤泥是煤洗选过程中的副产物，它的粒径细，颗粒含量高，水分和灰分含量高，热值低，黏附性强，内聚力强，是一种黏稠物质。它遇水流失，风干即风吹飞扬，不易贮存、运输，是矿井环境污染的主要来源。煤泥中的易燃成分很多，因此，我们主要利用其燃烧产生的热能。

1. 煤泥燃烧发电

煤泥是一种低热值的可再生能源，燃烧发电是其利用方法之一。例如，山东兖矿集团各大煤矿均采用洗煤厂洗煤工艺，煤泥产量大，山东华聚能源公司是一家以煤泥为原料的综合利用公司，旗下有 6 家独立的煤矿，其中 4 个电厂主要靠燃烧煤泥发电。

2. 煤泥制水煤浆

煤泥生产水煤浆是以高浓度水煤浆为原料开发的一项新技术。该技术是将煤泥经过简单的调浆后，就地、就近应用到工业锅炉和其他热工设备中。是以煤泥代煤、代油的一项煤泥综合利用技术。近年来，我国在煤泥生产和燃烧技术上有了较大的发展，例如，剪切搅拌制浆技术、涡流诱导燃烧技术、流化—悬浮技术、低污染燃烧技术等。煤泥水煤浆一般不会对产品的品质进行严格规定，但必须达到实际的燃烧需求。

3. 用煤泥作锅炉燃料

采用煤泥作为锅炉燃料，主要有三种方式。

①煤泥和劣质煤的混合。一些劣质原煤灰分高、发热率低，尤其是露头的小煤窑，经风化后燃烧性能较差，通常采用 1：1 或 2：1 混合后进行燃烧，取得了较好的效果。

②将煤泥和中煤按照 1：1 或 1：2 的比例混合后再进行燃烧，其效果也更好。

③当煤泥的灰分、含水量较低时，可以在锅炉中直接进行燃烧。

4. 在农用化肥中使用煤泥

煤泥直接用作农业化肥，其肥效不高，使用量大，需进行复合处理。它不仅是一种由有机肥料、无机肥料和微量元素肥料共同构成的高质量肥料，又是土壤改良剂、植物生长刺激剂，具有肥源广、肥分多、肥效高、投资少、见效快等优点。

第五章　矿山地质环境问题与生态修复

本章分为矿山地质环境生态修复概述、矿山地质环境问题与特征、矿山地质环境发展趋势、矿山地质环境修复模式、矿山地质环境生态修复相关案例五部分。

第一节　矿山地质环境生态修复概述

一、生态修复指导思想与基本原则

（一）生态修复的特殊性

矿山地质环境生态修复在实施过程中存在的特殊性有如下几点。

①前期调研工作难度大。对矿区开展生态修复以前，需要进行大量的准备工作，查阅修复矿区历史资料的同时，要对矿区的地质和矿物、采矿设计、采矿技术条件、土地、水系统、生物以及矿山"三废"等进行详细调查，了解矿区的真实情况，做出生态损害评估，而这一系列的调查工作量大、难度高且复杂。同时，矿区生态修复不仅仅是恢复自然生态系统，还必须要考虑当地居民的修复意向以及当地的经济和社会发展情况。在修复中要注意生态区域的功能差异、环境结构，根据矿山的面积、地理位置和生态适宜性等，结合可持续发展的原理，来明确生态修复的目标，理顺生态保护与经济发展之间的关系。矿区生态环境修复并不意味着要将以前的生态环境恢复为原貌，而是强调运用系统性思维，在综合考虑当地社会经济发展的基础之上，将区域生态功能进行复原，实现生态良性运作。从全局把握矿山的开采情况和周边整体生态环境，本着"宜耕则耕、宜园则园、宜林则林、宜牧则牧、宜渔则渔"的原则，因地制宜，"一矿一策"，做出具有针对性的修复方案。

②多种修复措施综合运用。矿山地质环境生态修复项目是一个长期的过程，

矿产资源的开发利用带来的环境破坏种类多样，包括了生态破坏和环境污染，涉及的环境要素包括土壤、植被、水土、生物、大气等，因此在矿区生态环境修复过程中需要针对不同的环境要素综合运用不同的修复措施来进行共同治理。我们也必须认识到，在矿区修复的过程中不确定因素众多，这些因素会直接影响矿山环境治理与生态修复的效果，包括土壤因素（如土壤酸碱值、土壤结构、母质、营养状况等）、光照强度（如根据光照强度的差异，选择耐阴或阳性植物进行复绿）、温度及水分等。同时，还需要考虑不同修复措施的特性，把握实施的技术难点和各措施之间的相容性，将矿区科学地划分区域，根据不同区域的环境问题，践行节约、自然、有限、宏观四大修复原则，采取切实可行且效果最优的生态修复措施，保证所修复的矿山生态功能恢复，矿区可持续发展。

③修复技术需高科技支撑。矿山地质环境生态修复包括植被恢复、尾矿治理、土壤治理、水体污染治理等内容，通过人工干预，利用高科技修复技术手段有效地减少受破坏矿山的生态演替时间。从 20 世纪 90 年代初开始，我国通过对生态修复的研究以及实践，也逐步掌握了一些切实可行的生态修复技术。近年来，随着我国科技的进步，生态修复技术也出现了创新发展，出现了诸多更加科学、合理、高效，符合绿色发展理念且更加节约成本的高科技技术手段。我国矿区生态环境修复的方法主要有两类：稳定化处理法、生物修复法。就稳定化处理法而言，主要是采取物理和化学方法对矿区环境进行修复；就生物修复法而言，主要是采取直接植被、覆土植被的方法，对受损矿区进行复绿。目前，国内的主要做法是将稳定化处理法中的物理方法与生物修复法相结合适用。例如，位于安徽铜陵的钟鸣硫铁矿生态环境修复就采取了国际领先的重金属矿业废弃地生态修复新技术"原位基质改良＋直接植被"，其不仅具有先进性，同时也推动了矿区生态环境修复的技术创新，得到了行业内外的普遍认同和赞许。

（二）生态修复的指导思想

以习近平新时代中国特色社会主义思想为指导，各省市政府需长期践行"绿水青山就是金山银山"的生态修复理念，构建生态安全格局，在统筹"山水林田湖草沙"生命共同体共同修复的思想下着重对矿山地质环境重点工程部署，以促进矿区这一受损的"自然—经济—社会"生态系统的总体改善，提升生态环境质量，保障全国范围内矿区的绿色高质量发展。

（三）生态修复的基本原则

矿山地质环境生态修复要坚持如下的基本原则。

第一，坚持保护优先，自然恢复为主。坚持"两山论"下矿区的人与自然和谐共生，尊重自然，保护自然；以大自然为主，对必要的工程辅以人工修复措施的同时，充分发挥自然的生态恢复力量，以"二八定律"为基础，避免对于矿区生态系统的过度扰动。

第二，坚持统筹兼顾，聚焦重点难点。统筹考虑矿区自然生态系统各要素与恢复后的耕地、农田和经济林等用地的协调性，聚焦重点矿区与周围自然生态系统、自然保护地的协同共生，突出矿山生态修复的目标导向和问题导向，加强矿山生态修复相关部门的协调与沟通效率，推进矿区生态保护修复新格局的形成。

第三，坚持因地制宜，科学合理施策。把握不同地区的生态系统演替方式，通过"双评价"手段对生态本底和自然禀赋进行科学评价。因地制宜地对矿区采取不同生态治理措施，宜林则林、宜田则田、宜耕则耕、宜草则草，采取挖深垫浅、削高填低、划方整平、植被复绿等措施，对破损的山体、露天采场和废弃矿井有针对性地开展矿区生态修复。

第四，坚持改革创新，完善监督机制。进一步加强矿区生态修复领域的改革，释放改革政策红利。深化矿区生态修复工作巡查机制，制定市委区委层面巡查工作的五年规划，组建市委区委巡察组，开展涉矿问题专项巡查，同时对矿区企业基层党组织开展常规巡察，对生态修复工作进度及安排进行及时反馈。深化监督机制考核，在相关企业部门周边用地设立派驻机构，加强对派驻机构的日常管理，形成政府主导、多元主体共同参与的生态保护修复体系。

二、生态修复规划工作分解

矿山地质环境生态修复规划工作可以分解为总体目标、生态修复布局分区、生态源地与廊道建设等方面。

在总体目标方面，主要参考《全国重要生态系统保护和修复重大工程总体规划（2021—2035 年）》。到 2035 年，通过大力开展包括矿区等在内的重要生态系统的生态保护和修复，实现包括矿区在内的多种自然生态系统状况的本质好转。国家生态安全工程基本完成，安全品质体系基本建成，矿区的生态多样性和森林保有量实现显著提升。2021—2025 年，矿区重点生态功能区、生态保护红线等区域内解决生态核心问题，实现国家重点生态功能区的生态修复；

2026—2035 年，各项重大生态工程全面建设落实，为基本实现社会主义现代化提供生态文明基础。①恢复地面稳定性，提升土地综合利用能力。矿产资源开采会出现一系列的地面变形问题。对其治理方式要追本溯源，因地制宜地实施治理措施。首先，通过疏排法、挖深垫浅法等对土地进行整平。其次，在土地整平的基础上通过化学、生物等手段改善土壤结构，恢复土壤肥力。最后，根据场地后期发展规划，恢复土地用地性质，对土地进行综合治理，实现矿区与周边环境经济效益、生态效益和社会效益的统一。②恢复边坡稳定性，营造生态景观。安全是矿区生产发展的生命线，边坡稳定是一切工作推进的基础。采矿导致山体原有的力学平衡被打破，山体维持安全稳定的能力下降，形成危险边坡。边坡的不稳定还易引发滑坡、泥石流等次生灾害。对边坡的修复主要以地质体加固措施与植被覆绿相结合方式恢复边坡稳定性，提高生态系统稳定性的同时营造良好的生态景观。③合理利用资源，缓解矿区环境污染。矿产资源的开采对生态环境造成巨大损害，主要包括水污染、大气污染、粉尘污染等，对其治理方式要做到控制污染源以及防治污染扩散。如在生产过程中严格控制固废的产出、堆集、渗滤，同时通过一系列的净化、节能减排技术对污染物进行及时处理，使释放达到合格标准。对粉尘要做到生产、运输、贮藏全流程封闭处理，同时要结合一定的绿化措施，利用植物吸附空气中的粉尘，降低空气中的粉尘量，缓解矿区的环境污染，坚决打赢蓝天保卫战。④防治地质灾害，改善矿区生态环境。地质灾害防治是矿区生态安全的重中之重，要遏制生态破坏行为，就要从源头上减轻资源开采对生态的扰动和破坏。首先，在采掘过程中，应减少对地层的连续性破坏，保持地层自身完整性，使其能以自身黏结应力对抗开采后采空区的坍塌应力。其次，对已形成生态破坏的区域及时进行修复，保证生态安全稳定性。最后，因地制宜的营造生态景观，采用科学的方法进行复绿，从而改善矿区生态环境。⑤保持矿区生态环境利好发展，营建生态矿区。矿区生态系统中的各项事物是相互联系、相互依存的。对开采造成的地质环境问题进行预防、治理和修复，尽量保持矿区原有生态的完整性。走新型工业化道路，实现经济与生态环境的和谐发展。积极引导生态因果链，使生态系统内生物群落的区位、空间布局、生物多样性等得到良性发展。

　　在生态修复布局分区方面，主要包括对京津冀地区、长江经济带、粤港澳大湾区、长三角、黄河流域国家重大战略生态支撑，其中重大工程规划布局主要分布在黄河重点生态区、长江重点生态区、东北生态林等区域。黄河重点生态区涉及青海、甘肃、宁夏、内蒙古、山西、陕西、河南和山东 8 个省份，该重点生态区矿产资源开采对生态系统破坏面大、破坏程度高和治理难度大。长江重点生态区涉及四川、云南、贵州、重庆、湖北和安徽 6 个省份，该区域河湖、湿地生态面临退化风险，矿区水土流失、石漠化问题突出。东北生态林区域包括黑龙江、吉林、辽宁和内蒙古 4 个省份，该矿山区域开采影响主要来自严重的森林资源采伐和农业开垦。对于不同矿区设置不同的生态修复目标，包括但不限于水土修复区、水土保育区、裸地治理区、生物多样性保护修复区、湿地生态修复区和农业生态修复区等。

在生态源地与廊道建设方面，第一，推进长江、黄河流域周边矿区的生态廊道建设，增加黄河和长江沿岸的生态绿量，在治理恢复矿山地质环境的基础上，以提升林地数量和质量为未来发展方向，以增强防风固沙、减少水土流失等生态功能为研究重点，高标准建设河、坝、路、林、草、沙有机融合的生态体系，打造集自然、文化、休闲、农业为综合一体的复合生态长廊。第二，推进湖体、河体周边沿线生态屏障功能建设，将采矿塌陷区与周边的湖体、河体协同恢复，推动采矿塌陷区向湿地湖体转变，以增加生态系统服务价值，提高绿地、湿地的保有量，探索生态湿地、绿色水库等方式的综合治理。

三、生态修复主要内容

（一）受损土地再利用

矿山资源开采造成的地面变形问题，如塌陷坑和地裂缝等给当地带来严重的影响，如水土流失、土壤退化、大面积耕地无法使用等。在进行生态修复时要根据当地条件，因地制宜地制定修复策略。一般来说，对受损土地的修复主要通过工程类措施辅以生物措施来恢复土地性质。可分为建设用地和农业用地，是建立矿山与周边环境间一种多层次、多模式、多功能和多结构的共生状态。

（二）稳定边坡

矿山资源的开采破坏山体原有的平衡状态，山体保持安全稳定的条件和能力下降，造成边坡不稳定。对其治理方式要采用边坡变形监测、边坡加固、植被覆绿等多种技术相结合的方式恢复边坡稳定性。边坡变形监测技术能够及时有效地预测和预防滑坡等灾害的发生；边坡加固技术包括增加岩体强度、增大抗滑力及水体治理。增加岩体强度常用的方法有锚索（杆）加固法、抗滑桩加固法、挡土墙法及注浆加固法；增大抗滑力指通过减少坡脚倾斜来减少滑动或倾斜体顶部的负载；防水即防滑，常用的排水措施包括地表水疏排和地下水疏干。

（三）缓解环境污染

矿山资源开采过程中产生的粉尘和废水等严重污染了环境。因此，矿山企业追求自身利益的同时，需采取行之有效的手段，积极控制污染源，减少对生态环境的破坏。例如，煤矿对井下的煤粉尘防治采用煤层注水、高压喷雾、声波雾化、巷道风流水幕净化、集尘风机等灭尘措施将井下各环节产生的有害气体和粉尘降到最低限度；地面采用洒水车及时喷雾洒水，建设防风抑尘网与适当的植被；煤炭运输时拉煤车需用篷布遮盖，防止煤粉尘的遗撒。对污水要运用物理法、化学法溶解污水中的污染物，使其达到可排放标准，以此达到控制污染的目的。

（四）地质灾害防治

矿山地质环境生态修复的重要工程是地质灾害防治，资源的不合理开发会引起一系列的环境问题，这些环境问题若得不到及时有效地治理，长期积累，容易导致地质灾害的爆发。对其治理首先应究其根源采用地质体加固技术，其次要做好防渗，最后进行植被复绿，起到良好的水土保持作用，减少滑坡和泥石流等灾害的发生，同时可以产生良好的生态景观，改善矿区的生态环境。

（五）生态景观建设

生态修复从某种角度来说既是生态系统重建的过程，也是生态景观重建的过程。主要包括地形整理、岩石山治理、生态林地营建、文化景观融入等。在进行生态景观建设过程中应注重生态系统未来的可持续发展，促进矿山及周边的生态环境良性发展，通过生态景观的建设，为矿山及周边地区提供一个休闲活动、欣赏自然风光的地方。

（六）废弃资源再开发

矿山的发展见证资源的兴衰和城市的崛起。矿山在资源开发利用的同时会产生或淘汰一批采矿设备、矿井、候车等设施，这些废弃资源凝结着矿山的历史。对这些废弃设施、资源进行二次利用，一来有利于将矿业文化融入其中，二来具有一定的场所精神与教育意义。

（七）合理开发和保护未利用土地

矿山未开发的土地以及废弃地是矿山未利用土地的主要部分，合理开发和保护未利用土地不仅仅是开发土地资源，更重要的是，在生态系统稳定的基础上，维持良好的生态条件，实现生态效益最大化。合理开发和保护未利用土地最重要的措施包括适当发展植树造林、生态农业等。

四、生态修复实施保障

（一）强化组织领导

完善和构建包括矿区多个区域在内的国土空间生态修复领导管理体系，对职能和权责进行明确划分。在省域层面，构建政府领导小组，以协调各部门之间的重大生态修复问题，形成由上自下各部门协调参与、社会力量积极参与、民众积极配合的工作机制和方法。同时，把包括但不仅限于矿区的国土空间生态修复规划作为实现生态文明建设的重要基础性工作，做好规划编制、实施以及规划后评价等工作。此外，需建立部门协调机制。矿区生态修复规划作为复杂的系统工程，需通过自然资源、住房和城乡建设、林业、水利等部门共同协调完成。因此，需要加强部门协调联动，以保障规划的落实与实施。整合省、市相应资金力量，集中修复矿区重点区域，以形成工程验收的示范项目，促进人与自然和谐共处。健全部门协调机制还可通过加强生态数据共享、制定绩效评估机制进一步提升完善。明确部门在生态修复中的权责，着眼于生态整体评估，构建考核评价体系和验收标准。

（二）健全政策法规

积极推进矿区在内的国土空间生态修复相关政策与法规的修订与完善，以法律形式对国土空间生态修复规划形成有法可依、有法必依的约束力。推进矿区配套政策的完善，生态修复的中心区域作为旅游文化或生态基础设施，成为提供生态价值的场所与区域。加强生态修复激励政策的研究与创新，发挥政府与市场的利益杠杆作用，充分调动市场参与的活力。强化自然资源资产管理，开展自然资源确权登记，通过省自然资源厅等部门对省、市的重点矿区开采主体进行统一确权登记工作；推进资产清查工作，各省开展全域内的矿区自然资源清查体系基础数据资料的收集工作，相关生态数据实现部门共享，打破信息壁垒。严格国土空间用途管制，依据生态开发水平划定的生态空间管制，对矿区恢复后的生态空间实行区域准入与用途专用许可，对限制开发区和禁止开发区禁止经济开发行为，实现强制保护；对于适宜开发区，严格控制生态开发强度，实现人与自然和谐共处。

（三）保障资金支持

落实矿区保护修复专项资金设立，统筹多层级、多领域资金，撬动社会资本力量积极参与矿区生态修复工程，实现"谁修复、谁受益"的良性循环。建立矿区修复资金筹措机制，发展绿色经济，强化金融机构提供的绿色资金支持，鼓励发展绿色经济产品，发挥政府在绿色金融中的担保作用，为大中小企业参与的矿区生态绿色工程提供政府背书；充分结合工矿废弃地复垦、城乡建设用地增减挂钩等相关政策文件，采用 PPP（Public-Private-Partner）、BOT（Build-Operate-Transfer）、TOT（Transfer-Operate Transfer）等模式引进市场主体，明确生态修复项目引入社会资本的条件，建立政企银联动机制，通过赋予矿山生态修复主体后续土地适用权等方式，鼓励矿山土地综合修复与利用。20 世纪 80 年代，英国开始率先使用 PPP 模式开展基础设施建设，包括道路交通、医疗卫生、排水系统等领域。我国称 PPP 模式为"政府和社会资本合作"模式。世界范围内对于 PPP 的定义采用综合性概念理解，可以概括为以政府与社会资本合作的形式，提供公共产品或者提供服务。PPP 模式指的是政府基于平等原则和相关社会资本展开协商后签订相关项目 PPP 协议。结合目前已有的规范文件，可将 PPP 模式的基本特征概括如下：一是平等合作关系。政府方与社会资本方以平等的合作伙伴关系进行对话，协商并洽谈项目合作事宜，最终以签订合作协议的方式确定合作关系，以合作协议为媒介，达成双方的目的。因此，在 PPP 模式下，政府方和社会资本方都要认清楚双方合作的前提是平等，特别是政府方要认识到自身在合作中的角色定位，不可轻易破坏合作关系。二是项目利益共享。首先，鉴于双方的平等合作关系，PPP 项目本身产生的利益属于双方共同所有。其次，在利益划分过程中，要时刻谨记 PPP 项目是一项公益项目，共享利益不代表获得最大化利益，在此类项目中要合理增加公众负担。因此，鉴于资本逐利特性和市场经济规律，在 PPP 项目设计之初，政府方基于综合角度，考虑如何保障市场及民众的各方面需求，既要尊重社会资本利益诉求，又要保证价格公正合理。三是风险共担性。风险共担性同样是由平等合作关系的特征延伸而来的。双方共同分担项目实施期间出现的风险，这也是该模式和其他政府投资项目的主要区别。既要共享利益，又要风险共担。通过招投标、谈判及协商等一系列过程，最终双方签订 PPP 协议，双方在 PPP 协议中划分权责，设立合理的风险分担机制。双方将以合作伙伴的身份组成风险及收益共同体，强化双方的责任意识，既要共同承担责任义务，共同预防和承受风险，同样也共同享有收益。近年来，国家逐步将 PPP 模式运用到生态环境的治理及修复工作中。基于理论来看，通过施行矿山生态修复 PPP 模式，有效促成政府方与社会资本方直接的合作，解决了矿山生态修复资金投入问题，加快了矿山生态修复治理工作步伐。借助矿山环境修复的 PPP 模式，使得矿山环境修复工作集合了政府和社会资本多方主体的加入，基于相互独立以及合作模式，通过相互制衡，达到构成有机整体的目标，既可以恢复被破坏的土地资源，使当地生态环境得到改善，又可以使生态产业得到有效发展，最终使源源不断的内在动力优势发挥出来，使矿山生态修复呈现利益的最大化水平。同时，此模式内涵和实践也将逐渐深化，促使相关理论也在不断完善进步，更好地运用在矿山生态修复的实践中。立足于矿山生态修复 PPP 模式来看，各种社会资本还有政府部门共同开展管理工作，一方面成功避免了过多修复治理成本的投入，另一方面由于各种社会资本被引入进来，使政府有效地缓解了财政以及负债压力。对于政府来说，通过与社会资本合作，便推动政府职能转变，激发民间投资活力，把原来矿山生态修复资金融资渠道有效拓宽，实现公共利益最大化，更好、更快地实现政府职能转变和经济转型升级。对于社会资本来说，成为矿山生态修复工作的参与主体，为此项工作提供相关服务，可以使其专业性最大效能发挥出来。而且由于和政府部门展开合作，生态产业发展将会步入良性循环，不仅提高了自身的竞争水平，同时促进了良好风尚的形成，助推行业进步，对于双方的优势进行整合，最终实现生态修复和合理回报的共同目标。

第二节　矿山地质环境问题与特征

一、矿山地质环境问题及特征分析

矿产资源开采开发过程中，大量人类工程活动会对周围地质环境产生巨大的影响，重型机械开挖会破坏当地的植被、土壤和岩体结构，甚至会引发各种各样的地质灾害，会产生或者是加剧地质环境恶化的现象，对人类的各项生产活动和生命财产造成威胁，所以有必要对矿产开发过程中产生的矿山地质环境问题进行研究，对矿山所在区域进行相应的地质环境评价，提出相应的防治措施。

矿山地质环境问题第一类是由于重型机械大量无序开挖产生的崩塌、滑坡、泥石流、地面塌陷和地裂缝等地质灾害；第二类是由于矿产的开发，破坏岩体结构，导致该区域内的含水层发生破坏；第三类是地形地貌景观由于露天开采的矿产开发活动产生破坏；第四类是土地资源的损毁。

（一）矿山地质灾害及特征

地质灾害问题指的是研究的矿山范围内是否有崩塌、滑坡和泥石流等地质灾害，矿山露天开采遗留大量岩石裸露的高陡边坡，组成边坡的岩体破碎，节理裂隙发育，风化严重，强度较低，质量较差，雨季常有危石坠落，稳定性较差，存在发生崩塌的可能性，是威胁人民生命财产安全的隐患。

①地面塌陷及地裂缝。采矿活动导致的次生地质灾害主要有矿山采空区地面塌陷、地裂缝等。矿山多为地下开采，这种开采方式，会随着开采出现底板破坏、顶板突破等问题，造成地下水含水层疏干，水位大幅度下降，形成地下采空，最终导致地面沉降及地裂缝，并且地裂缝可能会直接使地表水下漏，恶性循环加快了地面塌陷的发生。

②崩塌。崩塌是矿山地质环境中较多的一种地质灾害。崩塌形成主要是因为矿区开采、工业广场修建等，开挖斜坡造成了高陡边坡，岩层岩性为砂岩或砂、泥岩互层，砂岩为硬质岩石，易形成陡崖地形，且受到采煤设备的损害，岩体出现了松动，为崩塌的形成提供了物质条件，岩体从母岩脱离而形成危岩体，受重力、卸荷作用，因此会产生落岩。这种地质灾害具备多种特点，如分布范围广、破坏大以及预防困难等，因而对周围群众的生活安全造成了严重威胁。

③滑坡。矿山附近滑坡形成的原因主要是开采前期矿山公路及工业广场等人类工程设施修建产生的斜坡非常不稳定，造成地面沉降等。矿区发生的滑坡主要是由大量弃渣堆积在暴雨或持续性降雨等恶劣天气条件下导致的，与此同时还伴有力量较小的土质滑坡。其特点为分布范围广、规模较小、潜在危害较大等。

④泥石流。如由于煤矿开采产生了大量的煤矸石堆积，加上有些矿区没有尾矿库或尾矿库设计不合理等原因，导致过度堆积，易在暴雨或持续性降雨等极端条件下发生泥石流灾害，对周围工业用地、居民用地等造成破坏，更严重可造成人员伤亡，造成巨大财产损失。

（二）矿山地质含水层破坏及特征

矿山开采方式多为地下开采，对地下水含水层造成一定程度的破坏无可避免。

矿山开采对水资源的破坏除了可计量的直接损失外，更为重要的是对生态环境的扰动，而这种扰动所产生的影响更具广泛和深远性。由于过度开采，插排大量的地下水，导致该区域内的地下水水位快速下降，进而降低了地表井的水位，严重影响了该区域内的水平衡，甚至引发水资源短缺及井水干涸问题，对居民用水和工农业用水产生直接影响。由于采矿破坏含水层，地表水漏失，地下水水位下降，形成漏水疏干区，影响当地村民的正常用水。

（三）矿山地形地貌景观及特征

矿山由于形成时期特殊，开采面积往往较大，矿山面积能基本反应矿山的开采规模。较大矿山面积通常矿山开采规模大，对矿山地质环境影响程度也较大。

与矿山面积类似，矿山坑口边线长度也是度量矿山整体规模特征的一项指标。对于整体开采规模较大、矿山面积较大的矿山，其矿山坑口边线长度也较长，但是对于形状不规则的特殊矿山，往往矿山面积较小，坑口边线长度却较大。

矿山开采遗留下来面积大、深度大的露采坑和废石堆，改变了原有的地形地貌形态，恶化了地形地貌景观，降低了地形地貌景观质量，尤其是废弃矿山中由于开采活动、绿化严重缺失、使景观特色严重缺失。

采矿活动中边坡开挖形成裸露采面不仅破坏了原有的地形地貌、毁坏原有耕地和植被，并形成次生裸地，造成山体破损，基岩裸露导致难以自然复绿，严重影响了区域自然景观。采矿活动中弃渣堆积，不仅影响景观，并对区域居民生活环境造成较大影响。矿山区域大面积的植被破坏、土地裸露现象，形成次生裸地或者次生疏林地，严重破坏了原有的自然景观、毁坏原有森林植被。如煤矿在开采过程中产生了大量煤矸石，废渣随意堆积在矿山周边冲沟旁，煤矸石的堆积不仅影响自然景观，并且堆积的煤矸石渣通常会被雨水冲刷，从而沿冲沟被流入河道，会使河道被淤泥堵塞，可能导致河床抬高，这种情况不但破坏了风景景观，而且还会对居民安全造成未知的安全隐患。另外，闭坑、废弃矿山对地形地貌的影响也较为严重，废弃的矿山大部分形成次生裸地、疏林地，严重影响了矿区自然景观及城市周边、交通干线两侧的景观效果，对其地形地貌景观进行恢复将是矿山地质环境恢复治理的重点，将有助于提升城市及景区的整体形象。随着矿山地质环境防治工程的开展，矿区内的地形地貌景观正在得到恢复，矿山地质环境的治理是一项长期工程，想要取得良好的效果，需要坚持不懈地做下去。

（四）矿山土地资源损毁及特征

矿山露天采矿过程中产生大量的废土石等废弃物堆置排放，矿山附属建筑物压占了大量土地，使土地资源遭到严重破坏。

开采活动产生的土石堆积，不仅破坏了地表形态，也破坏了土壤结构，严重影响了植物根系的生长。且采矿过程中岩体结构强度降低，容易产生崩塌、滑坡等地质灾害，在强降雨条件下，矿石的开采过程中植被遭受不同程度的威胁。矿山开采前原生的针阔叶混交林、次生阔叶林茂密，森林覆盖率高，矿山开采损毁了大量针阔叶混交林、次生阔叶林，导致矿区采矿内大面积基岩裸露；矿山挖掘过程破坏原来的植被，植被覆盖率低，严重破坏当地的地形地貌。生物多样性下降也极大地破坏了当地的生态平衡。

采矿活动对土地资源的破坏，主要是以压占、损毁耕地和林地为主，还包括少量的草地、建筑用地等。由于矿山开采，造成土地压占与损毁，按破坏土地的方式，露天采场的挖损、工业广场的占用和堆料场、堆渣场的压占等对土地资源的破坏最大。

对土地的压占主要是矿山开采前期，工业厂房的建设以及矿区开采中煤矸石、废渣的大量堆积，这些都造成了当地土地资源大量占用和破坏。对于占地面积较大的矿区工业广场，由于路面硬化，且建构筑物规模大，其可恢复性较小，为不可恢复土地资源。随着多数矿区政策性关停，对土地资源的破坏得到缓解。

二、矿山地质环境综合评价

由于经济的发展，不断进行矿山开采同时会伴生大量矿山地质环境问题。因此，由于历史原因遗留下来的矿山产生的一系列生态环境问题需要认真对待，为了实现经济的可持续发展以及人与自然的和谐共生，需要对矿山的地质环境问题进行综合评价和治理修复。在进行矿山的恢复工作之前，我们需要对矿山的地质环境进行综合全面的了解和评价。在对矿山进行地质环境综合评价和了解过程中，研究区自然地理因素和基础地质因素调查是评价的基础，资源损毁和相应的地质环境破坏研究是综合评价的重要部分。地质环境问题作为重要研究内容，包括地质灾害和土地资源景观资源破坏在内的相关内容，包括自然地理、基础地质、资源损毁、地质环境等多元评价指标作为评价依据。

在针对矿山问题的研究中，应该结合当地的实际情况选取评价指标，评价指标的选取遵循以下原则。

①科学性原则。选取指标有三种依据：一是相关地质环境评价中规定的指标；二是按照矿山地质环境调查与评价规范文件，充分结合矿山实际的特点；三是根据研究区矿山的特点选取对应指标。

②方便性原则。减少定性指标，所有评价指标都应进行去量纲处理，并进行归一化，保证结果的合理性。

③完整性原则。地质环境是一个复杂的整体。选取评价指标需要能完整反映该整体的所有特征，即是否包括该整体的自然、社会经济等相关组成部分以及这些指标是否能相互对结果产生有利影响。

④适用性原则。考虑指标的适用性，即选用的评价指标是不是具有一般性，即本次评价完成之后，对于其他评价，该指标能不能发挥作用。

⑤独立原则。在进行地质环境评价研究中，指标之间的相关性应该较小，避免对评价结果产生影响。

因为在进行调研过程中使用的方法、评价指标等因素不同，从而造成矿山综合评价结果会存在一定的差异。而矿山地质灾害的诱发条件、威胁对象、资源破坏程度、影响范围具有较强的特殊性，跟一般的地质灾害研究有所不同。为了能够客观、全面地评价矿山开采产生的地质环境问题，可以将矿山以及矿山周边的地质环境当成一个整体的系统进行考虑分析。因为诱发矿山灾害的因素是多方面的，且这些因素之间可能相互影响，所以不能单一地对某一方面的地质环境问题进行评价。对于矿区来说，矿区的地质环境不仅仅受到矿区本身地质因素影响，还受到其周边环境地质因素影响，而且这些因素不仅产生的影响程度不一样，因素之间还会相互影响。因此，这就需要综合各种因素，建立科学合理的评价标准对这些因素进行评价。这样让选取的评价标准才能够全面反映研究区的矿山地质环境问题。地质环境条件评价工作是对研究区内的自然因素、地层等地质环境因素对矿山影响作用的一项重要工作，经过客观、准确的矿山地质环境评价分析，得到综合性的评价结果。要综合考虑矿山形成环境和自然地理因素以及调查统计分析结果和前人研究成果，选取如下指标作为地质环境评价的基础分析数据。

①海拔。海拔因素作为研究自然地理因素中比较直观的研究因素，对于进行矿山地质环境评价具有重要作用。不同的海拔条件对于研究区地质背景评价会产生不同的效果，且研究区内海拔相对高差较大，因此，有必要把研究区海拔因素纳入地质环境评价指标进行研究。而且，海拔越高，相对高差越大，越有可能发生由高差为主要因素的崩塌、滑坡、泥石流等地质灾害。

②坡度。坡度作为重要的地形因素，坡度的大小直接影响矿山边坡边缘岩石的稳定性，从而导致发生崩塌、滑坡、泥石流等破坏性地质灾害。在矿山环境中，由于无序的开采活动而改变原来较好的地形，对于坡度较陡的区域，易发生灾害，当坡脚过大，松散堆积物极易发生滑落，而造成破坏性地质灾害，是不可忽视的安全隐患。因此，有必要把坡度纳入地质环境评价指标进行研究。太阳光的辐射作用，会对植物生长发育产生明显影响，边坡坡度的大小与植物的生长有显著相关性。在重力作用下，矿山废弃地边坡坡度越大，雨水对土壤冲刷越严重，边坡相对含水量就越少。在矿山废弃地的同一坡面中，边坡的上边坡面要比下边坡面含水量低；坡向对植物的影响方式是通过光照调节空气和土壤的湿润条件，影响植物的生长发展。在有边坡或地形起伏比较大的矿山废弃地中，阴坡要比阳坡湿润，但阴坡比阳坡光照量少，因此阴、阳坡生长的植被差异较为显著。

③地貌。地貌因素在评价矿山地质环境研究过程中有极为重要的影响，因为地貌因素影响着雨水、地表水的径流和侵蚀。还影响着研究区内的松散堆积物类型的分布，如在研究区内部沟谷中往往存在较多直径较大的包括砂石在内的冲积物，在堆积地貌形成的台地中往往存在粒径较小的砂土层。

④人口密度。人口密度是对人类生产活动影响较大的重要评价指标，有必要将其作为矿区地质环境的评价的影响因素。

⑤岩组。对于研究区内的岩体类型，岩体的不同类型、不同结构决定了岩体的物理性质，包括岩体的稳定程度和强度。在矿山环境评价中，对矿山开采边坡岩体的稳定性有着决定性的作用，对于一些岩体强度高的边坡，经过强烈的人工开采活动，也容易产生裂隙从而引发地质灾害。所以非常有必要将研究区内的岩体类型作为矿山地质环境评价的影响因子。

三、矿山地质环境问题治理

合理规划环境治理，转变发展理念。在经历了资源盲目开发阶段后，在后续问题的综合治理过程中，认清矿山地质开采现状，合理规划环境治理工作，在把握环境治理全局的同时，从思想引导的角度，符合时代社会发展。调整科学发展观对构建和谐社会的指导是可持续发展的重中之重。转变发展观念，新时期的环境治理工作，短处和落后观念需要及时纠正。倡导科学可持续发展的资源节约型、环境友好型社会，体现在矿山地质环境管理上，需要积极转型发展，为环境治理提供精神支撑和理论指导。

完善环境治理工作。现阶段，采矿业缺乏科学的管理制度来合理引导发展，这是采矿问题持续积累和严重的重要原因。找出问题所在，及时解决，杜绝此类问题的发生。地质环境治理管理工作要与政府和社会工作相结合，完善治理工作。在提高工作执行效率的同时，要严格落实治理，整合环境治理工作。

加快环境治理相关法律法规建设。矿产资源和地质环境恢复治理法律法规不断完善。当今，社会的法律规定尤其是在环境治理中，要建立约束力更强、更能体现企业主体责任的法律。我们可以针对实际发展真正做到对法规的遵从，这对环境治理工作非常有用。

推动环境治理联动工作。治理工作是长期积累的环境问题，不是单一的问题，都需要各方力量的配合，包括财政、环保、自然资源等。在联动机制下，林业、水利、农业等各领域的工作都需要合作的力量。自然资源部门需要主动出击，与其他部门合作，建立长效治理体系，实施矿山地质环境治理可持续发展。

第三节　矿山地质环境发展趋势

在我国矿山地质环境的发展当中，虽然有一些问题不断出现，但是也在逐渐变好。部分地区对矿山地质环境问题建立了良好的评价指标，而在这些评价指标的建立过程当中，评价模型将所有不同类型的矿山地质问题包含在内，逐渐为矿山地质环境的各个方面提供良好的技术平台。

矿山地质环境调查技术的发展趋势包括遥感技术、地理信息系统技术、调查通信保障技术、人工神经网络技术等。遥感技术主要针对区域面积较大的矿区进行宏观解释，并利用导航和卫星定位系统进行直观控制，具有真实与准确的特点。遥感技术的发展需要进行优化，应该选择云量较少的天空、平稳的卫片以及色彩饱和度适中的相片；对于矿区整个图像应该从整体到局部、从粗到细、从具体到抽象进行判读和详细的分析。同时，随着地理信息系统技术的不断发展能够有效提高矿山资源开发与利用的程度，有利于我国矿山地质环境的发展。根据我国相关部门制定的"保证金"工作制度，合理使用保证金能够加强调查工作人员之间交流的畅通性。同时，地方各级政府对于无主的矿山和废弃矿山要定期派人去调查，并利用通信的功能实时进行汇报。加大必要的保证资金投入，有助于矿山地质环境调查工作的有序进行。从矿山复杂的地质环境来看，随着矿产资源的不断开采，会使地下的采空区不断扩大，随时都会引起地面变形的问题。需要将人工神经网络技术应用到矿山地质环境的调查之中，这是一种具有不确定性和随机性的非线性评价处理技术，对于预测危险具有重大的意义。在未来的矿山地质环境保护过程中，应该加强对废弃矿山的调查与评价，建立国家、矿山以及地方三个级别的地质环境调查系统，强化环境保护的工作制度，加快地质环境保护的治理工作。

矿山地质环境治理和修复要以多元化资金为主要的资金来源，修复资金的来源除了政府，还可以依靠当地企业或居民种植相关的经济作物。这种多元化资金的投入方式，既减轻了政府的财政负担，又为以后的持续治理提供了足够的资金来源。必须加强对地下污染的治理，尤其是针对土壤重金属污染、含水层污染要进行着重治理。在进行矿山地质环境治理时，要求相关政府部门总体筹划，实行统一规划、统一管理、明确权责，给每一个治理部门划分明确的治理范围，以防在治理过程中出现重复治理或无人治理的情况。矿业长期以来对我国经济的发展做出了巨大贡献，但是对环境造成的不良影响也十分严重。国家要加强对这些问题的重视程度，针对出现的问题采取相应的对策，完善法律法规，国家要加大对矿山地质环境生态修复技术的研究，加大资金投入。只有这样，才能保证矿山地质环境的修复是有效的、有成果的，有利于当地居民健康、安全地生活，实现当地经济健康、持久地发展。

今后，矿山在发展中要坚持绿色开采理念，将矿山开采过程中产生的废弃物进行合理的重复利用，对污染源科学合理地处理，最大限度地实现矿山的可持续发展，使我国矿山地质环境朝着绿色环保的方向发展。我国经济发展的步伐逐渐加快，人们的生活水平也在不断提高，人们对环境的要求也在逐渐增加。矿山地质环境将会本着绿色、环保的理念对矿山进行开采，使其能够更加长久地发展，也使矿山地质环境得到有效的保护。

第四节　矿山地质环境修复模式

矿山地质环境类型多种多样，这就要求地质环境生态修复工作因地制宜采取措施。我国矿山生态修复事业已经由传统的简单复绿转为系统性、完整性地生态修复。修复模式的使用使受破坏的生态系统恢复到采矿前的状态，或根据人类的主观能动性，将其改造成具有特定目的的生态环境。矿山地质环境生态修复可依据矿山修复方向、修复手段、效益价值等划分为如下的修复模式。

一、基于修复方向的模式

（一）林草地模式

林草地模式是指林地和草地两种种植方式结合的统称。矿山地质环境修复进行绿化，按照宜林则林、宜草则草的原则进行。此模式适用采空塌陷区、矿山露采场、排土场、废石堆、尾矿库及不受积水影响区域等类型的矿区修复。对于坡度大、地势高、土壤贫瘠的矿山修复，可以恢复为林地、草地或者种植藤蔓植物实现复绿。对于坡度较为平缓或者整治后地势较平缓、阳光较为充足的矿区，可以修复为林地种植和草地种植。林草地模式在我国矿山地质环境修复中使用最为普遍。

（二）耕地模式

耕地模式是将矿山修复为农业用地。该模式适用于采空塌陷区和露采底盘区等矿区，是塌陷矿山综合恢复的主导模式。耕地模式更多是将矿山废弃地修复为农田。若塌陷不严重，地势平整的矿区可直接修复为农田进行耕种；若塌陷区域较深或矸石、粉煤灰等废弃物含量较大，需要先剥离表土，再进行覆土回填处理，最后整理场地为农田进行耕种。耕地模式建设过程中要注意表土层厚度以及土壤水土保持能力能够达到作物的种植标准。

（三）湿地模式

采矿活动造成采空塌陷区积水是常见现象，在矿山地质环境修复过程中充分利用采矿塌陷区的水资源，将采矿塌陷区修复成为湿地是一种新型矿山修复模式。在平原地区（如淮南、淮北、徐州等地）采矿塌陷区常年性、季节性积水情况较为常见。将矿山修复为湿地不仅可以为植物种植提供必要的水分，还可以改善生态环境状况。

（四）建设用地模式

部分矿山位于城市建成区或规划区范围内，周围的交通和配套设施比较完善。在城市高速发展的今天，城市建设用地需求量日益增大，位于城市规划区内的矿区可以纳入城市建设用地范围。建设用地模式常用于采矿塌陷区、露采矿山底盘区等矿山修复中。该模式常采取工程措施，在采空塌陷区等地进行回填，达到建设用地的标准要求，再进行工程建设。

矿区有区别于其他场地的景观、人文特征。它是一个城市独特的存在，它见证城市的发展和变迁，因此，要注重遗产保护和特色地形地貌的塑造，保留场地历史符号和记忆，在传承的基础上推陈出新，实现新旧有机结合。场地内一些施工设施、构筑物、工作流水线等，都可以跟现代景观相结合，营造出具有场所精神的空间。

（五）矿山公园模式

采矿活动促进了经济的发展，同时遗留下来的废弃地是矿业活动的历史见证者，具有一定的历史文化价值。对于一些具有重大历史意义的矿山废弃地会被建设成为矿山公园，矿山公园也是近年来新兴的矿山修复模式。常见矿山公园有地质公园（如黄石公园）、生态休闲公园（如德国诺德斯顿公园）、专类公园（如上海辰山植物园）、综合公园（如淮北国家矿山公园）等。

二、基于修复手段的模式

（一）自然修复模式

自然修复模式是指利用大自然的自我恢复、自我组织、自我调节和自我维生能力，保持矿山地质环境稳定性。由于这个过程不需要人工参与，所以自然修复模式具有修复成本低、恢复时间长、恢复后的生态系统稳定性强等特点。

该模式类型主要适用于以下三种环境：一是矿区自然地理条件适合植物生长、无地质灾害、无土壤污染等不良因素的影响；二是生态敏感性强、环境适应性脆弱，人工修复成本高并且效果不理想的矿山废弃地；三是矿区位于偏远地区，采矿活动形成的损害不影响周边人类正常生产、生活。

（二）人工修复模式

人工修复模式是采用物理、化学和生物等措施对受损矿山进行修复。人工修复模式具有修复时间短、恢复成本高、修复后生态环境可持续发展能力强的特点。该模式主要适用于以下三种环境类型：一是采矿活动后形成的矿区可能存在崩塌、泥石流、滑坡等地质灾害，对人类生产、生活造成潜在危害，需要尽快进行修复，保障人类安全；二是矿区处于生态敏感区，要尽早进行整治，使之与周边环境相协调；三是对矿区修复可以获得较好的经济效益，修复后获得的生态效益比恢复费用高。

（三）自然＋人工修复模式

自然＋人工修复模式是指对矿区先采取工程措施，之后停止人为干扰，依靠大自然力量使矿区的生态系统逐步建立起来，形成稳定的生态系统。该模式将人工和自然修复两种模式的优势有机地结合起来，不仅可以缩短矿区生态恢复的时间，减少工程费用，还可以使矿区生态环境更加稳定。该模式主要运用于两种环境类型：一是依赖于自然修复而无法及时恢复的环境，二是修复后的矿区产生的经济效益远大于修复成本。

三、基于效益价值的模式

矿山地质环境修复产生生态效益和经济效益，根据两种效益价值的偏向，可以将矿区修复划分为景观再造模式、生态复绿模式、综合利用模式。三种模式中包含了不同发展类别。

（一）景观再造模式

城市开放空间为城市居住人群提供公共开放场所，涵盖了各种主题专类公园、绿地公园、矿山公园等。如上海辰山植物园、重庆渝北铜锣山矿山公园等矿山修复公园。矿山地质环境修复运用较高生态修复成本，建设丰富多样的景观，通过售卖公园门票，或以公园为载体建设游乐设施，售卖游乐设施门票的方式获得经济效益。

矿山遗址旅游地对矿区进行艺术化处理，赋予矿区新的功能，使矿区成为后工业景观旅游地。它是对多种类型矿山遗址景观进行改造，使其与周围环境相衔接，打造富有特色的主题遗址旅游景观，以旅游资源带动城市的经济发展。

矿山博物馆是矿山修复的一种发展类型，博物馆建设于污染较小、历史文化元素多的矿区。矿山博物馆分为室内和露天博物馆，两种形式都具有历史纪念和学习教育价值。例如，吕梁市店坪煤矿的店坪博物馆，利用废弃厂房及工业设施建设店坪博物馆，供人们参观、开展职工科普教育活动。博物馆内以店坪煤矿发展为脉络展示店坪煤矿的兴起与发展过程，同时陈列了店坪矿区所产的各种煤产品以及采煤设备。博物馆中有模拟矿井，设置采煤轨道、候车等设施，营造矿业场景，通过场景重塑的方法直接反映矿区生活，引起参与煤矿生活的人们的回忆，并对未参与过其中的人具有教育启迪意义。

（二）生态复绿模式

单一复绿适用于面积范围较小的矿山修复。修复过程中建立生态环境保护区，应用较为成熟的植被恢复和工程修复手段，对受到破坏和污染的矿区进行修复，消除采矿活动留下的负面影响，使矿山生态效益实现最大化。

农林渔牧复垦是对位于城市周边城镇历史和人文价值较小、生态环境受损较轻、空气污染较小的矿区进行复垦，该类型矿区可用来发展农林渔牧业。在矿山塌陷区域较浅处可进行农业种植，塌陷区积水量较大的地方可发展渔业。矿区的修复需遵循宜农则农、宜林则林、宜牧则牧、宜渔则渔的原则，高效改善和利用矿山土壤资源，发挥矿山的生态效益价值。

大地艺术是生态复绿模式的一种发展类型。矿山废弃地是一种长期废弃闲置的土地，规模较大，经过较长时间沉淀，土壤起伏形状较为优美，能够表现出一种衰败的景象和营造空旷的环境氛围。将矿山废弃地生态修复成为大地艺术，在废弃地上播撒草本植物种子，形成大面积草坪，展现出矿山废弃地优美的姿态线条美感。大地艺术手法既能艺术化处理矿山废弃地，提升矿山的视觉风貌，又能实现生态修复，展现出高质量的生态效益。

（三）综合利用模式

综合利用模式是为了使矿区土地资源得到最大限度的开发，更好地发挥政治、经济和文化的作用。通过对矿区土地资源进行综合开发，实现矿山生态环境和区位条件的优化。矿山地质环境修复的综合利用模式对周边生态和经济发展起到了积极的推动作用，能够综合生态、经济、景观、娱乐、教育、文化等方面的优势发展，促进第三产业开发，提高矿区的景观形象、生态环境、休闲娱乐、旅游度假等水平。当前，综合利用是矿业开采后的新趋势，具有很好的发展前景。

第五节　矿山地质环境生态修复相关案例

一、煤矿地质环境生态修复案例

（一）霍州煤电团柏煤矿地质环境生态修复

霍州煤电团柏煤矿于 1980 年投产，位于山西省临汾市霍州城南 7 千米处的汾河西岸东湾村。矿井井田面积 34 平方千米，横跨霍州、洪洞、汾西三市。该地属于温带大陆性气候，四季变化分明，土壤主要为黄色亚砂土和褐土，属清洁土壤，矿区外围自然植被以野生灌草为主，有酸枣、荆条、扁榆、皂角等，草本植物以蒿类为主，伴生有野苜蓿等。

霍州煤电团柏煤矿经过多年的资源开采形成了 7 座占地面积 130 多亩的矸石山，严重破坏了周边自然生态环境，团柏煤矿于 2000 年对矸石山进行绿化治理工程，将荒芜的矸石山变为绿色矿山。

①土壤问题。霍州煤电团柏煤矿矸石山综合治理工程第一步是土地复垦，首先，要解决土壤问题。煤矸石是采煤和洗煤过程中排放的固体废物，是碳质、泥质和砂质页岩的混合物，其含水量仅为黄土的 1/2，持水量仅为黄土的 1/3；此外煤矸石颗粒大，发热值较低，易自燃。煤矸石的堆积侵占大片土地，不仅降低矸石山周围的空气质量，影响矿区居民的身体健康，还常常影响周围的生态环境，煤矸石中的硫化物逸出或浸出会污染当地大气、农田和水体。在这样的土壤环境中进行复垦工作十分困难，对此霍州煤电团柏煤矿使用黄土覆盖加固法来解决土壤问题，在整形后的煤矸石表面铺设 0.3 米的粉煤灰与黏土的混合物（体积比为 3 : 7）进行压实，起到隔绝空气的作用，随后覆盖 0.8 米～1.2 米本地发育的黄土，分层碾压厚度为 0.3 米～0.5 米，可有效缓解土壤问题，起到防护及恢复生态作用。

②绿化治理。在解决土壤问题后，接着对矸石山进行整体覆绿工作，霍州煤电团柏煤矿选择适应北方生长且耐旱、耐寒、根扎得深的树种，如火炬树、刺槐等。绿化栽植树木，绿化面积达 9 万余平方米，覆盖 7 座矸石山。为了把树木管理得更好，霍州煤电团柏煤矿建立护树管理站，随后又制定了一系列护树制度、公约等，使得当年寸草不生的荒芜山头变成了春有花、夏有荫、秋有果、冬有绿，可供职工及周边居民健身游玩的矿山公园。

③生态景观。在解决地面变形问题及完成覆绿工作后，霍州煤电团柏煤矿建立了集绿化环保、休闲观光为一体的多功能休闲公园，根据自身立地条件，因地制宜的设置了休闲凉亭、观景平台、蓄水池等设施，使得原先一片荒芜的矸石山脱胎换骨，变成一座美丽而富有特色的矿山公园，真正成为职工及周边居民休闲娱乐的好去处。

④其他措施。为了缓解矿区环境污染，确保粉尘污染防治到位，霍州煤电团柏煤矿在煤场安装挡风抑尘网，在四周及顶部装有喷淋洒水管路，同时安排专人负责，及时对煤堆进行洒水降尘处理，以确保洒水面积和煤堆表面的湿度。此外，团柏煤矿还制定运煤车辆管理办法，限制车辆的行驶速度和拉煤车的装煤高度。矿区锅炉全面装有除尘器，不定期对锅炉房环保设施运行情况进行检查。

霍州煤电团柏煤矿在生产经营的同时，严格执行有关环保方面的法律法规，扩大矿区绿化面积，减少污染物排放，提高矿区环境质量。在生态治理方面借鉴性强，其治理矸石山的措施不仅包括土地复垦、植物覆绿，同时，还包括矿山公园的建立，将荒芜的煤矸石山建设成为绿色示范矿山。其做法值得同类型煤矿学习，对其他煤矿的生态环境修复与矿区景观营造提供有益借鉴。

（二）邻水县煤矿地质环境生态修复

邻水县地处于四川东部盆地区域，属于广安市，是四川省的东大门。邻水县矿山开采造成了非常严峻的地质环境问题。矿山开采活动产生的"三废"肆意排放，崩塌、滑坡、地面沉陷等地质灾害的频发，这些都破坏了生态环境，特别是近年来，矿山地质环境问题给矿区工人、居民的生命安全造成了威胁，也对矿山及居民财产造成了不可挽回的损失，使各级政府、矿山企业认识到问题的严重性。

当地政府针对煤矿区，先后启动了多项矿山地质环境治理工程，有效治理了相当一部分因矿山开采导致的次生地质灾害问题。使部分地质环境破坏轻微的矿山得以复绿，复绿效果较为良好，矿区地质环境问题得到了一定的缓解。

邻水县煤矿地质环境防治遵循以下原则：①以人为本，和谐发展。将人居环境放在首位，矿山开采导致的地质灾害等问题已严重威胁、影响到矿区工作人员、居民的安全问题。如采空区地面沉降，采场高陡边坡，弃渣堆积、尾矿库损毁导致的滑坡、泥石流等，尤其是矿区的地面塌陷、地裂缝问题，治理难度高，分布面积较广，影响居民生活程度较严重。因此，矿山导致的次生地质灾害问题是矿山治理的重中之重，应当优先解决。②突出重点，统筹部署。突出矿区重点治理区，有效对矿山地质环境进行治理，并且加速矿山地质环境现状的改变，加强对矿山治理工程的管理、监督力度。在国家出台的完善制度中，统筹当地政府、百姓，大力开展矿山恢复治理工程，全面推进邻水县矿山生态环境修复。③全面涵盖，连片实施。结合项目生态功能分区，强化生态修复的整体性、系统性、协同性、关联性，因势利导，因地制宜，统筹山上山下，涵盖所有政策性关闭和历史遗留矿山，系统部署矿山恢复治理工程，整体规划，连片实施，整体提升生态系统服务功能。④科学规划，分步推进。矿山地质环境的恢复治理工程与旅游、新农村建设、水利、农业等规划的充分衔接；矿山地质环境恢复治理工程按照国家及本省现行的规范和标准分阶段实施，科学合理安排勘察、设计、治理等各阶段工作。

对于邻水县矿区地质环境问题，提出合理的防治建议，结合当地的实际情况，最大程度避免煤矿开采活动带来的环境问题，并且尽力修复已经遭到破坏的地质环境。原则上遵循"以防为主，防治结合""轻、重、缓、急"，进行矿山地质环境整治分区。矿山地质环境修复防治大概可以分为如下四个方面：废弃地修复、地质灾害防治、含水层破坏的预防和"三废"治理。

①废弃地修复。矿山废弃地的生态修复，以矿山压占、占用土地为主。煤矿山为地下开采方式，在矿产采选过程中，产生的煤矸石、尾矿渣等固体废物，埋压了原来具有一定生产力的土地，形成了以废弃物堆积的裸露地；煤炭采选形成的工业废气烟尘、二氧化硫、氮氧化物和一氧化碳排放，尾矿的风扬是重金属等环境污染物扩散的重要途径，也是矿业废弃地大气污染的主要来源。煤矿产生的各处废水（矿坑水，选矿、冶炼废水，尾矿池水）以酸性为主，并多含大量重金属、有毒、有害元素及悬浮物，废水未经达标就任意排放，排入地表水体中，使土壤或地表水体受到污染，入渗也会污染地下水，煤矿井下水、生活污水以及雨季煤炭、煤矸石淋滤下渗水都会污染水环境。酸性废水还会导致土壤酸化，重金属污染。因此，邻水地区矿山废弃地生态修复的重点对象为煤矿山。关于废弃地修复，结合当地实际情况得出以下建议：首先对废弃地存在的工业建筑，如职工宿舍，洗煤厂等进行拆除清理，还有煤矸石等废石、废渣堆也一并清理。然后对地面进行整平，复耕植土，使其能够重新耕种。无法耕种的土地可以退耕还林，种植一些乔灌木等植被，防止水土流失。对于开采活动中造成的高陡边坡问题，可采取修建挡土墙和排水沟等防治措施。

②地质灾害防治。邻水县煤矿矿山均为地下开采，因此由煤矿开采导致的崩塌、滑坡较少。煤矿区的崩塌、滑坡主要由煤矸石、弃渣堆放导致。煤矸石、弃渣的堆放塑造了边坡，随着堆积量增加，造成临空面高陡，卸荷应力加大，在重力作用下以及开矿放炮爆破震动、车辆碾压震动、雨水入渗、冻胀等诱发因素作用下，边坡极易失稳出现崩塌、滑坡等地质灾害。治理工作应从源头根治，对煤矸石等废石、废渣堆进行及时清理和再利用，在有地质灾害隐患地带修建挡土墙、排水沟、抗滑桩等支护措施。区内对地下水系统破坏的区域主要分布在地下开采的煤矿中，这些矿山在停止开采后，由于含水层已破坏，难以恢复。随着在建、生产煤矿的进一步开采，漏水疏干区的面积有可能进一步扩大。预防工作有以下两点：在后续矿山开采中，要做好监测工作，对矿区地下水水位、水质及居民区井水水位进行监测记录；在矿山开采过程中，对主要可采煤层顶板留有足够高度的防水安全煤岩柱，其留设高度应大于导水裂隙带高度加保护层厚度。

③"三废"治理。煤矿是"废水、废液、废固"产出排放的主要大户，煤矿集中开采区，人民群众生活和工农业生产用水大量依赖矿井排水。同时煤矿企业本身又需大量水用于生产，如井下喷水降尘、煤产品洗选等。排出的废水、废液经沉淀后排放至附近河流中，用于农业灌溉。大多数煤矿山由于工艺落后，经沉淀之后矿井废水、废液有害元素超标，为不可利用矿坑水；闭坑、废弃煤矿山矿坑废水、废液也直接排放于地表或附近河流。治理废水、废液首先要从源头阻断，禁止污水排放，其次是对已经排放出的污水进行治理，减轻水体污染危害程度。"废固"主要包括废石（土）渣、煤矸石等，固体废物污染主要是在雨水和冲沟水冲刷、掏蚀作用下，大量煤屑等有害物质被带入下游沟道、河流及耕地与林地等，致使部分矿区周边耕地质量大大降低，甚至部分耕地被矿渣废弃物形成的泥石流淹没、毁坏，严重影响当地居民生活环境和质量。治理工作应首先对煤矸石等废石做出及时清理、搬运，改进选冶工艺，进行无废开采，开采产生的煤矸石等废石可将其重新利用，如利用废石填充矿坑、铺设矿山公路，废石还可用于建材方面，如制砖。其次在煤矿山有镉、汞等重金属元素含量超标现象，重金属污染修复技术建议可采用"稳定法"，通过施用改良剂、抑制剂（森美思颗粒）降低土壤中镉、汞等重金属的水溶性、扩散性和生物有效性，从而降低它们进入水体、微生物和植物体的能力。也可以采用"客土置换法"，土层较薄或是缺少种植土壤时，可直接采用异地熟土覆盖，直接固定地表土层。邻水县煤矿三废处理以废固（煤矸石和矿渣）的处理为重点。

（三）安徽淮北市绿金湖采煤塌陷地治理

绿金湖矿山地质环境治理项目是安徽淮北市多个重点项目之一，针对朱庄—杨庄矿采煤沉陷区进行针对性的治理工作。对于淮北资源枯竭型城市矿山地质环境治理项目来说，先后获取到中央财政支持资金，旨在使治理资金的压力得到缓解，更加高效地将项目落实下去，该市选择了"投资—建设—养护—移交"一体化形式的政府购买服务方式。

安徽交通航务工程有限公司以及安徽建工集团联合体是该市采取招标形式选出的中标者，而公司的创建主体是淮北市投建集团、安徽交通航务工程有限公司、安徽建工集团三家公司。同时，有关部门与淮北安建投资有限公司共同签署了项目修复PPP协议。协议中强调所属项目公司按照具体计划开展项目投融资还有终端建设以及后期养护工作，而主要由市政府进行相关的项目设计以及包括监理还有土地征迁补偿在内的各种工作，依据有效约定进行各种服务费用的支付。通过项目治理最终得到水域、湖泊还有所有可利用性质土地的开发权、使用权，甚至收益权，进入良性发展的环节。

二、漳州市矿山生态修复

（一）龙海市海澄镇废弃矿山修复治理成效

龙海市九湖镇及海澄镇内溪段矿区生态防护工程包括 2 个建设路段：龙海市九湖镇矿区和海澄镇内溪矿区。利用泥炭土进行绿化防护，由于该废弃矿区土地贫瘠，因此采用客土喷播植草灌的措施，草种选择根系发达、长势快、耐旱和贫瘠的多年生品种。如狗芽根、高羊毛、百喜草、紫穗槐、相思树种等草灌结合。采取作业面清理—刻沟槽—喷射基材—喷播草种—覆盖土工布—养护的方法。施工过程中安全防护措施到位，现场施工人员系安全带，从山顶悬挂绳索下垂进行施工。对岩石立面上的杂物、松动的岩块、带有菱角的孤石进行修理和平整，将客土作业面进行平整，后期为了保证绿化效果，利用杂物及松动岩块和坡面转角处及坡顶的棱角进行修整，使之呈弧形，尽可能将作业面平整，以利于客土喷播施工，对低洼处进行覆土回填，采取增加平面的粗糙程度，加大客土的附着力。修葺了截水沟、排水沟很好的防护了雨水对工程的破坏。选择适宜的天气，将混合草籽进行喷播。后期工程中标单位进行维护、养护，或者交由当地村镇进行养护管理。

经过一系列工程修复，特别是喷播工艺的采用，绿化效果明显，龙海市海澄镇废弃矿山修复仅仅用了不到一年的时间，就从原来的"青山挂白"修复成绿水青山，修复成效显著。植物主要选择速生的绿化草籽，长势又快又好。该修复工程是龙海市废弃矿山治理的示范性工程，但该修复点存在着投入资金大、后期维护成本高、对于土壤含水量要求过高的问题。如果该治理点一旦缺乏维护，有可能无法抵御漳州 4—10 月台风天气所造成的次生地质灾害，如滑坡、崩塌等。因此，为了进一步做好龙海市海澄镇内溪段矿区废弃矿山维护，当地有关部门应该采取相关措施，进行全封闭管理以避免造成安全事故，在每年的冬末春初和雨季要尽量播散草籽，使修复工作能够维持长效。

（二）漳浦县万安农场生态修复治理成效

漳浦县万安农场古陂山花岗岩矿区自 20 世纪 80 年代以后，该区便陆续引进设备，开采建筑用花岗岩石材。这是一个花岗岩矿，早期管理混乱，对矿山生态环境重视程度低。因此，遗留了非常严重的生态环境问题。该矿区露天开采，边坡上覆土层薄，大多数为强风化岩裸露，矿山开采致强风化岩层结构遭破坏，且剥离后的矿渣弃土随意堆放，未采取任何保护措施，雨季较容易发生崩塌、滑坡、泥石流等地质灾害。矿山紧邻村庄、万安生态园区周边分布，隐蔽性差，直观性强，可视范围广，威胁着周边村民的生产、生活以及万安生态产业园区的安全。在治理过程中采取"以生物措施为主，工程措施为辅"的原则，从资金节约和实效上进行考虑。生物手段主要利用岩体自然特征，见缝插针进行种植，堆渣场采取攀缘植物上挂下攀绿化和高大乔木遮挡，公路两侧种植马占相思、茅草等。工程上主要采取以下措施：一是对坡面进行整治和削坡减载；二是修建重力拦渣坝；三是修建支挡废渣的拦渣挡墙；四是修葺截排水沟防止地表水和地下水对工程的破坏。

万安农场废弃矿山修复完成后，确实改变了漳浦县万安农场面貌，把原来到处坑坑洼洼的万安农场，变成一个水绿山青的风景旅游工业区。该工程完成了重力挡土墙，削坡减载，进行了综合治理，因地制宜，见缝插针。对于坡度较低的边坡采取坡前植树；对于坡度较陡的立面进行分台阶治理；对于修复形成的碎石也用于填废旧矿坑和铺设山前公路。确实遵守了矿山治理的"宜林则林、宜工则工"的原则，该治理点选取种植马占相思和茅草均为最适宜漳浦种植的树种，既便宜又生命力顽强。

该修复工程用时过长，修复也仅仅集中在绿水青山的视觉上，走进矿区中发现存在着诸多安全隐患，更没有把与万安农场生态旅游发展协调考虑在内。在台风暴雨期间，当地政府需要花费大量的人力、物力对周边进行巡逻，防止发生安全事故。

（三）长泰县半岭矿区废弃矿山生态修复治理成效

该矿区位于漳州长泰段（陈巷枢纽）及陈巷镇区可视范围。为促进生态建设和经济社会的发展，采用工程和生物措施使矿山生态环境得以恢复，重回青山绿水。根据平台、边坡的特点，采取多种治理措施进行综合治理，即工程与生物措施相结合。能作为耕地治理的，尽量不作为林地、草地治理；不能作为耕地，但能作为林地治理的，尽量不作为草地治理，最终达到近自然的生态恢复效果。清理各立面处的危岩体立面自下而上制作飘板，在各飘板上覆土种植美丽胡枝子、小叶榕等中间覆绿植物及种植爬山虎、黄素馨、三角梅等下挂植物，常年蓄水的凹采坑平台作为池塘蓄水（养鱼），作为外围排水沟的目的地，旱季作为植被灌溉的水源地。将采坑平台内的荒料、弃渣外运，清理、整平采坑平台。总之，本着"因地制宜"的基本原则及与周边景观相协调的原则确定各防治区的治理措施。

长泰县陈巷镇上花半岭矿山给长泰县经济做出了重大贡献,该工程采取了"宜林则林、宜渔则渔、宜牧则牧"的修复理念。一是对形成的各种深度矿坑,不予排空积水,养殖高山鱼类,形成了很好的经济效益;二是对于平坦地区,种植吴田山地瓜,形成了很好的农业价值;三是对于靠近山脚公路地区,种植花果苗木。

长泰县陈巷镇上花半岭废弃矿山修复工作不仅解决了矿山的"青山挂白"问题,又解决了后期当地群众的生活、生产问题。

三、山东威海市华夏城矿山生态修复

该地坐落在里口山脉最南侧龙山地区附近。19 世纪 70 年代末,该区域便成为建筑石材集中的开采地点,历经多年变化,矿坑增多,大面积山体遭到破坏,各种地质灾害以及森林灾害频发,导致各类常规性活动无法进行,各类区域自然生态除了受损以外就是出现了较为严重的退化。

威海市主要推行的是"政府引导、企业参与、多资本融合"这一模式,围绕龙山区域进行相应的生态修复治理工作。通过民营企业威海市华夏集团的支持,持续开展矿坑生态修复和旅游景区建设,将工作重心放在龙山区域采石场的关停工作以及针对各种矿坑的修复,进一步把采矿区设置为文化旅游区,充分考虑当地的自然形态,进行关于文旅等产业的扩充。借助经过修复的自然生态系统以及地形地势,进行多种形态文化旅游产品的打造,进一步推动了绿水青山成功过渡至金山银山。通过矿坑建设出能够体现旋转特色的户外演艺场地,借助独特的地理位置构建大规模的生态文明场所。在向观看者展示相关信息及技术的同时,为其带来生动的体验感,让观看者深入了解华夏城的生态环境修复流程。

借助 PPP 模式,政府方通过科学合理规划,开展了土地差异化特点的供应,相关部门对于华夏城片区控规方案做出针对性批复,同时借助市政府协调作用,将该地区国有林场承包给了华夏集团进行利用。借助合理的市场竞争,该集团最终获得国有建设用地使用权,进行海洋馆和配套酒店建设,四周土地实现了合理增值,真正满足生态产品价值外溢需求。

参 考 文 献

［1］沈渭寿，邹长新，燕守广，等.中国的矿山环境［M］.北京：中国环境出版社，2013.

［2］张文，何希霖，姚峰，等.绿色矿山理论与实践［M］.北京：煤炭工业出版社，2015.

［3］李君浒，葛伟亚，董永欢，等.矿山地质环境管理的理论与实践：以华东地区为例［M］.北京：地质出版社，2016.

［4］杨林，陈国山.矿山环境与保护［M］.北京：冶金工业出版社，2017.

［5］曹运江，戴世鑫，蒋建良，等.矿山（地质）环境保护和恢复治理理论与实践［M］.北京：科学出版社，2017.

［6］张永波，张志祥，时红，等.矿山地质灾害与地质环境［M］.北京：中国水利水电出版社，2018.

［7］成六三，逯娟.矿山环境修复与土地复垦技术［M］.徐州：中国矿业大学出版社，2019.

［8］吴启红.矿山复杂采空区稳定性分析、治理及生态修复研究［M］.西安：西北工业大学出版社，2021.

［9］胡振琪，于勇，袁亮，等.中国矿区生态环境修复现状与未来［M］.北京：龙门书局，2021.

［10］王子云，何晓光，康祥民.绿色矿山评价与建设［M］.北京：中国石化出版社，2021.

［11］孙晓玲，韦宝玺，余振国.矿山生态修复与多产业融合发展研究［J］.中国矿业，2020，29（9）：66-71.

［12］刘云，吴湘炬，杨承卓，等.矿山地质生态修复有效措施［J］.工程建设与设计，2020（12）：165-166.

［13］何会平.矿山生态修复措施及合理的植物配置分析［J］.中国农业文摘 – 农业工程，2020，32（4）：14-15.

［14］刘向敏，余振国，杜越天．矿山生态修复市场化方式实践进展与深化路径研究［J］.中国煤炭，2021，47（12）：66-72.

［15］胡志文，罗湘.矿山地质环境生态修复方案探讨［J］.世界有色金属，2021（21）：211-212.

［16］姚文静，孙述海，于巾萃．矿山地质灾害治理及生态修复研究［J］.中国金属通报，2021（10）：185-186.

［17］胡振琪，赵艳玲.矿山生态修复面临的主要问题及解决策略[J].中国煤炭，2021，47（9）：2-7.

［18］胡波银.矿山生态环境破坏与生态修复方案［J].低碳世界，2021，11（8）：49-50.

［19］陈书荣，陈宇，黄雪金.创新思维推进矿山生态修复［J］.南方国土资源，2021（7）：23-26.

［20］王禹，黄磊.矿山生态的环境问题及地质修复［J］.清洗世界，2021，37（2）：73-74.

［21］卢璐.矿山生态环境破坏与生态修复的探讨［J］.资源节约与环保，2022（12）：47-50.

［22］唐珏.我国矿业经济发展与生态保护现状及对策建议［J］.中国矿业，2022，31（11）：41-45.

［23］侯冰，刘向敏，余振国.对我国构建矿山生态修复制度的思考［J］.中国国土资源经济，2022，35（9）：76-81.

［24］陈鸿鹄，蔡润.探究矿山地质环境现状与生态修复技术的应用［J］.中国金属通报，2022（8）：204-206.